奥本大三郎

*Daisaburou Okumoto*

奥本大三郎対談集

# 本と虫は家の邪魔

青土社

# 本と虫は家の邪魔

奥本大三郎 対談集

## 目次

奥本大三郎×

第1部

# 本と虫は家の邪魔

奥本大三郎対談集

# 第1部

# 古今東西・昆虫文学大放談！

×アーサー・ビナード

アーサー・ビナード（Arthur Binard）
詩人。一九六七年、アメリカ・ミシガン州生まれ。詩集『釣り上げては』『ゴミの日』、絵本『くうきのかお』『さがしています』『ドームがたり』、エッセイ集『日本語ぽこりぽこり』。昆虫語の絵本『なずずこのっぺ？』が近著。

## 人は虫食いのサルだった

**ビナード**　今日は *Why Not Eat Insects?* という本を持ってきてみました。奥本先生は当然ご存知かと思いますが、これは傑作ですよね。

**奥本**　それ、実は青土社から翻訳が出ていましてね（『昆虫食はいかが？』ヴィンセント・M・ホールト著、友成純一訳、小西正泰解説、青土社、一九九六年）。ぼくも小西先生から戴きました。実に面白い。

**ビナード**　自分が子どものころにこの本と出会わなかったことを、ぼくはひどく後悔しているんです。最初に出版されたのは一八八五年なので、見つけて読む可能性があったのに……。語り口は、たとえば太宰治の『カチカチ山』でタヌキが「惚れたが悪いか」と言うような感じで、イギリス人のホールト先生が「虫を食べたら悪いか」から始まり、やがて「いや、昆虫は食べるべきだ！」と力強く主張していきます。

**奥本**　ひとつには、虫屋の開き直りですね。「虫に惚れたが悪いか」（笑）。

**ビナード**　しかし人間に向ける視線が鋭い。昆虫は農作物をはじめ人間と同じものを食べている。その昆虫たちを毒でやっつけようとしたら、いずれしっぺ返しを食らう。果物農家が鳥をやっつけたりして、それによって昆虫がまた増えて、人間はむやみに自然のバランスを崩している。それを正すためにも昆虫食は最も有効な手段であるとホールトは書いていて、実際に昆虫をおいしく食べるためにいろいろと試行錯誤もしている。最後には具体的なメニューが載っています。

**奥本**　十九世紀の終わりに、この人はちゃんとそういうことが分かっていたんです。

**ビナード**　驚くべき洞察力があって、生態系の問題についても、昆虫の役割についても詳しく述べている。そしてそれはすべて当たっている。

**奥本**　今は昆虫食をやろうと思っても、お腹いっぱいになるほどなかなか集められないんです。ホールトの時代までは、ヨーロッパでも昆虫の大発生がときどきあったんでしょうね。特にコガネムシやバッタ。人間というのは、もともとカタツムリとか小さいカエルとかその辺の虫を、手当たり次第に食べていたと思いますよ。だって毎日シカを狩るとかイノシシを捕まえるなんてことはできるわけがありませんから。だから海岸で貝を掘るとか虫を捕まえるとかしていた、虫食いのサルだったんじゃないですかね。そのほかは果物を食べたり葉っぱを食べたり、という感じだったと思いますよ。

**ビナード**　そしてたまに獲物が捕れたらその肉を「ごちそう」として食べていたんでしょうね。

**奥本**　海岸で貝を採ることではわりあい楽に暮らしていけると思いますが、マンモスのような大きな獲物なんて滅多に捕れないから、ふつうに口に入れるのはやっぱり虫や貝ですよ。

**ビナード**　貝は貝塚というかたちで残るから、考古学的にどの地方でどんな貝が食べられていたかが分かりますが、虫はあまり残らないので、証拠はほとんどありませんけど。

**奥本**　糞石（ふんせき）を分析すると虫の殻が残ってるでしょう。虫を食べることに依存していると一番困るのは冬には虫がいないということです。だから、寒いところに人間が進出するにはずいぶん時間がかかったんじゃないでしょうか。

**ビナード**　保存の技術ができるまで。

**奥本**　そうですね。イナゴなんかは干しておくけれども、すぐに食べ尽くしちゃう。だから年じゅう暖かい南方でなければ初めは暮らせなかったでしょう。

**ビナード**　サルはそうですね。ただ、北限のニホンザルたちは寒い青森でがんばっているけど。

**奥本**　ああいう高等なマカク属のサルであんなに北までいるというのは例外的ですね。ヨーロッパ人にとって、サルというのは装飾にも使われているように、インコと並んですごくエキゾチックな動物です。オリエントのほうのヒヒまで行かないとサルには出会えませんから。

**ビナード**　そうですね。青森の下北半島とか長野の山で温泉に入るニホンザルたちは、英語で snow monkey と呼ばれ、欧米人に珍しがられ、親しまれています。

**奥本**　しかしあのサルたちは、温泉から出た後が寒いと思うんだけど（笑）。

**ビナード**　心配ですよね。入るのはいいけど、出た後はかなり活動しないと乾かないでしょう。彼らにあったかい炒りイナゴでもごちそうしてやりたいなあって思うけど、サルたちはよろこんで昆虫を食べますね。

**奥本**　ええ。果物と昆虫と、この頃は幸いなことにお百姓さんの畑を荒らしても撃たれないから、農作物も食べています。

**ビナード**　それで下北半島の農家は困っているんですよ。

**奥本**　イノシシも増えているでしょう。イノシシはブタよりもずっとおいしいんですよ。日本人というのは、そういう意味では肉に関してタブーがないんですね。江戸時代の猟師さんは、サルでも何でも獲っていました。

かつて新宿にもありましたが、「ももんじ屋」という野生動物を食べさせる店では、イノシシをぶら下げたりしていて、サルも食べていたようですね。「薬食い」といって、要するに薬になるという名目で何でも食べていたみたいです。でも、ユダヤ教なんかにはタブーがすごくあるじゃないですか。フランスのカエル料理なんて、ユダヤ教の人たちは食べないでしょう。

**ビナード**　食べませんね。少なくてもオオヤケには（笑）。アメリカ人がフランス人をからかう時には、「カエル食い（frog-eater）」と言ったりします。「frog」だけでもそういう意味になるので、"You froggy!"と言ったりもする。

**奥本**　それはフランス人が大きな口を開けて、よくしゃべるからじゃないですか？（笑）。

## 人間社会で働く昆虫たち

**奥本**　聖書の中に「ソドムの林檎」という話があるのですが、パレスチナのそばのソドムに行くと、スモモのような実がなっているそうです。巡礼で疲れて喉が渇いた時に「やれ、うれしや」と思ってその実を取ったら、中に灰が詰まっていてがっかりする。それが「ソドムの林檎」で、それは聖地にたどり着いたときの神様の最後の試練か悪魔のいたずらかという話なのですが、その林檎はワタムシという虫が作った虫こぶなんですよ。中は灰のような状態になっている。

他にも砂漠でイナゴを食うとか、聖書に出てくる昆虫や植物のエピソードというのは、ひとつの学問になる。

この前、その「ソドムの林檎」を探しに南フランスへ行ってみたら、ちゃんとありました。まだ中が灰ではなく空っぽで、ワタムシがいっぱいいました。

「ソドムの林檎」は英語では「Sodom's apple」になるのでしょうが、その「apple」は要するに fruit という意味ですよね。

**ビナード**　その通り、「The Apple of Sodom」の apple は「実」ということです。「禁断の果実」も林檎だとよく思い込まれているけど、そんなことはどこにも書いていなくて、実際はどんな果物か、種類は定かでないんです。

**奥本**　果物の代表という意味での「apple」なのですね。フランス語だと「pomme」だ。花なら「ユリ」か「バラ」ですね。ヨーロッパの果物というのは、アンズや林檎やサクランボ等、だいたいバラ科で酸っぱい。
　だから西洋人がパパイヤを食べる際にはレモンを搾って酸味を付けないと物足りないんだと思いますよ。ぼくが考えたもっと高級なデザートは、柿にすだちを搾ったもの。ヴェトナム人はパイナップルに塩と唐辛子を付けますが、あれもすごく洒落た食べ方ですね。

**ビナード**　へえ、ちょうど昨日、沖縄の友人からパイナップルが届いたので、帰ったらやってみよう。七味唐辛子じゃダメかな（笑）。思い返せば、うちの父親はアメリカでメロンにやたらと塩をかけていましたね。

**奥本**　スイカに塩をかけるのは、スイカがカリウムを多量に含んでいるので、ナトリウムを補うのだという もっともらしい説があります。

**ビナード**　科学的な説がちゃんとあるんだ！

**奥本**　科学に擬態しているだけなのかもしれません（笑）。

**ビナード**　果物と昆虫というのは、切っても切れない関係にありますね。

**奥本**　果物は人間が改良してきたから、植物としては異常発達しています。だから虫にとっても夢みたいなもんです。

**ビナード**　しかも、虫がいなければ何ひとつ実を結ばないという現実もある。

**奥本**　筆で人間が受粉させるしかないから。

**ビナード**　それはもう大変な作業ですよね。東京の多摩川の向こうの稲城市のほうへ行くと、いい梨を作っている梨園がいっぱいあるんだけど、けっこうみんな筆でやっているんですよ。

おかあさんたち、おばあちゃんたちが気の遠くなるような作業をしています。もしハチさんがいなくなってあの作業をすべての果物園で、人間が全部やるとなったら、絶対に今の人口を支えることはできない。

**奥本**　人間の労力を代わりに虫にやってもらうということで言うと、たとえばアプレイウスだったか、麦の粒と粟の粒をごちゃごちゃに混ぜたものを選り分けよと若い女が命じられる話がありましたね。実はこれ、嫁いじめの無理難題なんですが。その時も、アリの大群が来て一晩で分けてくれた。今年はミツバチが全世界的に三〇パーセント減ったでしょ。それで本当に困っているんですね。イチゴだってちゃんとした形にならないですよ。

**ビナード**　どうしてミツバチは大量死しているのかということについて、昆虫学者だけでなくいろいろな分野の人が仮説を立てていて……。

**奥本**　みんな自分の立場から適当なことを言ってますけどね。

**ビナード**　農薬はおそらく関係しているだろうと言われているのですが、農薬だけではないという感じがしますよね。

**奥本**　その他にダニと何かウィルス性の特殊な病気ではないかという説もある。

**ビナード**　アメリカ人ジャーナリストのローワン・ジェイコブセンが書いた本が出ましたが(『ハチはなぜ大量死したのか』ローワン・ジェイコブセン著、中里京子訳、福岡伸一解説、文藝春秋、二〇〇九年)、彼は過労なのではないかという説を唱えています。養蜂と果樹園の関係を捉えて、どのようにハチたちが使われているかを考えると、ちょっと説得力があるなと思ったんですけどね。つまり、箱に詰められて次々と運ばれて、移動も大変だし、「働き蜂」でも間違いなく働きすぎている。

**奥本**　だけど全世界規模で同時多発的にああいうことが起きますかね？　ミツバチのストライキかもしれない（笑）。

**ビナード**　人間がほかの生き物をこき使っているのは紛れもない事実です。先日、太宰治が花見をしたという津軽の林檎園にお邪魔したのですが、その林檎園ではミツバチではなくマメコバチを使っているんですね。「どうしてマメコバチがいいのですか？」と訊ねたら、「よく働くから」と返ってきましたね（笑）。

**奥本**　ミツバチより小さいから、もっとマメで増やしやすいというのもあるんでしょうね。あれは巣箱でいいんですか？　土の中に穴を掘って住むんじゃないんですか？

**ビナード**　茅葺（かやぶ）きの茅みたいなものを切って束ねて林檎箱の中に詰めているんです。するとその中にマメコバチが巣を作る。

**奥本**　ああ、そうか、昔は屋根の萱葺きの中にそういうハチがたくさんいたんですよ。

**ビナード**　うまく付き合ってたんですね。言ってみれば、人間の家が彼らの家でもあった。

**奥本**　超高層団地だったわけです。

**ビナード**　だから何も無理をする必要はなかった。家の周りに果物の木があって、朝になればマメコバチも人間も一緒に仕事に出掛けるような感じだったんだけど、今は林檎園の隅っこにわざわざ巣箱を置いて、飛ばされないようにその上に石を置いたりしています。

**奥本**　茅の口径もちょうどいいものでないとダメなんですね。

**ビナード**　ミツバチのように蜜を取っているのではなくて、マメコバチの場合はおもに花粉を取っているんですね。

**奥本**　花粉と花の蜜を練るんじゃないんですか？　花粉団子を作っていると思います。

**ビナード**　なるほど、そうかもしれません。ぼくが行った時にはちょうど林檎の花が咲いていて、マメコバチがその花の中に入るんだけど、潜り込んだらもう全身花粉だらけになって出てくる。それでまた次の花に飛び、入っていく。人間が筆でやろうと思っても、あそこまで見事に擦り付けるのは不可能ですね。

**奥本**　体じゅう毛だらけだし、太腿のところがちゃんと花粉を付けるために長靴を履いたような状態になっている。

**ビナード**　そうやってハチたちが働いている姿を見ると、ぼくらがいかに昆虫に依存しているか、その小さな一匹一匹の労働がいかに大事で、今の生活を支えているかということが分かります。理屈では知っているんだけど、実際に目にすると……。

**奥本**　頭が下がります（笑）。

**ビナード**　それに、環境汚染と農薬と遺伝子組み換え作物、人間が執拗に生態系のバランスを壊している現実を考えると、虫の声に耳を傾けなきゃと思います。

**奥本**　トウモロコシ等で遺伝子組み換えをしているものがありますね。あの花粉がまわりに飛ぶと良くないんですよ。虫の体に悪い物質を含んでいるから。

**ビナード**　今のアメリカでは、栽培されているトウモロコシの多くは遺伝子組み換えです。

**奥本**　トウモロコシからアルコールを取って自動車に使うから問題ないと言うけれども、その時は能率が良くても、いろんなかたちで問題を引き起こしていくだろうと思いますよ。

**ビナード**　遺伝子組み換えは本当に無責任です。十年以上のスパンで見ていくと、結果的にはそんなに能率が良いわけでもありません。ただ、たとえばモンサントという巨大ケミカル企業が大量生産した種と農薬をセットにして毎年売るから、モンサント社が能率良く儲かるという仕組みにはなっている。

**奥本**　それとモンサントの株を買ってすぐ売る人が儲かる（笑）。

**ビナード**　でも農家にとってのメリットはあまりないような気がします。

**奥本**　大豆もそうですよね。ブラジルでは森林を伐採して大豆やらトウモロコシを植えています。今はブラジルから昆虫は買えないんです。昆虫の標本を輸出すると世界銀行が融資しない。だからブラジル政府も厳重に取り締まっていて、今は昆虫採集禁止みたいなことになっています。その一方で森林破壊の許可はどんどん出る。

**ビナード**　それでは昆虫にとっていいことはないですね。

**奥本**　悪いことばっかりです。特殊な昆虫以外はものすごく減っていますから。

## ファーブルと翻訳をめぐって

**ビナード**　アメリカでアンリ・ファーブルのことを話すと、昆虫に詳しい人はもちろん知っているんだけど、一般の連中にはあまり通じません。

**奥本**　一般のフランス人も知らないですよ。

**ビナード**　そうですか。ファーブルのことはアメリカの昆虫関係の本には出てきます。昆虫少年のぼくも図鑑か何かで名前を見てはいたと思うんだけど、一番最初にファーブルを強く意識したのは、アメリカの詩人でライト・ヴァースの名手だったオグデン・ナッシュの作品だったんですね。うちの母親がナッシュの詩が好きでときどき読んでいて、こっちが学校の宿題で詩を暗記しなきゃいけないというようなことがあると、ナッシュの詩集の中から短くて楽しそうなのを見つけたりしていました。

**奥本**　学校で「この詩を暗唱しなさい」と決めるのではなくて、自分で選んでいいのですか？

**ビナード**　そういうパターンもありました。その詩に絵を付けるといった宿題も。

**奥本**　それはいい教育ですね。小さい時に憶えた詩は、一生忘れないでしょうから。

**ビナード**　ま、自由に選べると、暗記しやすくて短いものになりがちですけど（笑）。で、このナッシュの詩集の中に、「モゾモゾやらムズムズやら」のような意味の *Creeps and Crawls* というタイトルの作品があります。

*Creeps and Crawls*

Ogden Nash

The insect world appealed to Fabre.
I find the insect world macabre.
In every hill of ants I see
A governed glimpse of what shall be,
And sense in every web contriver
Man's predecessor and survivor.
Someday, perhaps, my citronella
Will rank with Chamberlain's umbrella.

モゾモゾやらムズムズやら

オグデン・ナッシュ

訳 アーサー・ビナード

ファーブル博士は昆虫の世界をこよなく愛した。
私など昆虫の世界に触れるとムシズが走るのだ。
蟻塚の前に立てば、恐ろしく正しい地球の秩序の

未来像を垣間見ている感じがするし、巧みに
糸を紡いで巣を張る策士たちは、この世に
人間より前からいて、きっと人間がみんな
消え失せたあとも、生きつづけるだろう。
私が頼りにして体のあちこちに塗るこの虫除けも、
のちのちの笑いぐさになるかも……歴史の敗北者
チェンバレン首相がいつも持ち歩いていた
あの蝙蝠傘のように。

**奥本**　Fabreとmacabreで韻を踏んでるじゃないか（笑）。マカーブルは「気味が悪い」「不吉な」ということでしょう。中世の骸骨の踊りがdanse macabreだ、フランス語だと。

**ビナード**　そうなんですよ。ナッシュの脚韻はかなりの離れ業だし、無理やりの馬鹿馬鹿しさと意外性がポイントなんだけど、英語ではけっこううまくいっているんですね。最後のところのcitronellaというのは、イネ科の植物で、そのシトロネラ油が香料になるし、昔から虫除けとしても使われてきました。このくだりの和訳はまだしっくりきていないんだけど、要するにネヴィル・チェンバレンの蝙蝠傘とは「駄目な宥和政策」の象徴であって、廃れた歴史の失敗の化石という意味で、人間としての自分たちの時代が過ぎて滅びた後は、昆虫たちの世界になる、そんなことだと思うんですよね。

**奥本**　これは面白いなあ。これはこの時代に生きている人の常識みたいなものがなければ読めない詩ですね。

**ビナード**　腑抜けなチェンバレンの蝙蝠傘の意味を知らないと。でも子どものころはっきり分からないまま、ぼくはこの詩からファーブルを意識し始めたので、日本に来てファーブルがこんなにみんなに知られて親しまれている存在だと知って、驚嘆しました。ムッシュ・ファーブルがこんなに大事にされているなんて……ね。

**奥本**　日本ではファーブルは歴史の遺物ではなかった、と(笑)。チェンバレンの傘は雨が降っても開かれることがないけれど、ファーブルの本はいつも開かれる、とか。

**ビナード**　なのに一般のフランス人もアメリカ人も知らない！　ただ、あの『昆虫記』は知る人ぞ知るの名作で、フランスの文学者たちはみんな愛読していますよね。

**奥本**　そうなんです。プルーストにも出てきますよ。

**ビナード**　最初に出版したのはいつでしたっけ?

**奥本**　第一巻初版は一八七九年となっています。あんまり売れなかったんですけど。日本で一番最初にファーブルを翻訳した大杉栄は、初めは英語版で読んで、その後でフランス語から訳したんです。アナーキストだったのでしょっちゅう捕まっては監獄に入っていて、監獄で一生懸命勉強した。入獄する際には、ダーウィンの『ビーグル号航海記』とか、三種類くらいの本を持って入るんです。その中で一番面白かったのが英語版『ファーブル昆虫記』だったそうです。

**ビナード**　ある意味、ムショから生まれた和訳なんですね。

**奥本**　そしてシャバで第一巻の翻訳を完成したところで殺された。

**ビナード**　文学史の流れにおいて決してマイナーでもマニアでもない。

**奥本**　獄中だと他にすることないし電話掛かってこないし、集中しますからね。

**ビナード**　どこか緊迫感もあるし。マルコムXも刑務所に入って猛勉強をしたんですよね。

**奥本**　ぼくも刑務所に入ればもっとピリッとしたはずだけど、実際の生活にシトロネラかトンガラシが足りなかった（笑）。

**ビナード**　最初にタイトルを『昆虫記』と訳したのは？

**奥本**　大杉栄です。

**ビナード**　やっぱりそうなんだ。

**奥本**　中国の文章のジャンルで、事実を記録する文章というのを「記」と言うのだそうです。『古事記』の「記」です。やっぱりあの時代の人は漢文ができるから。教養があるんですね。

**ビナード**　シマリがあって、本当にいい題名ですね。原題を超えた名訳『昆虫記』。

**奥本**　「昆虫学的思い出話」とか、そんなのではダメですからね。

**ビナード**　もとのフランス語は *Souvenirs entomologiques* ですから、*Entomological memories* ということですよね。

**奥本**　複数になっているから「回想録」と訳すのがいいと思います。

**ビナード**　でも『昆虫学的回想録』としてしまったら、一部の読者だけの本になって、当たらないよね。日本語の『昆虫記』という訳を見た時、『神曲』の訳の見事さに似ていると思いました。

**奥本**　あの原題は*La Divina Commedia*ですね。だから明治の人は偉いんですよ。漢文の知識があるので、非常に簡潔で良い訳をします。われわれの時代のはだらだらしていて、しかも何が言いたいのか分かりにくい。

**ビナード**　「これだ！」という揺るぎないタイトルを作るのが一番難しくて、一番大事な翻訳の仕事だ。

**奥本**　本当に。その真似をすると今度は『シートン動物記』になるんです。

**ビナード**　『昆虫記』は絶対にだれもいじれない。

**奥本**　『昆虫記』のほうが先ですね。

**ビナード**　もちろんそうです。

**奥本**　上田敏の『神曲』は、たしか『神聖喜曲』というのを略して『神曲』になったはずです。

**奥本**　あれはよく『神聖喜劇』としなかったものだと思います。

**ビナード**　*Commedia*という原題は、つまりうんと悲劇的なストーリーと結末以外はみんな「喜劇」の「コメーディア」の分類、要は「コメディ」になりますから。『神曲』ではやがてダンテが煉獄を通って、最終的には天国に行くわけだから、ハッピーエンドの*Commedia*なんです。

**奥本**　戦後のわれわれはロクな国語教育を受けていませんから、自分で勉強したようなものです。戦後民主教育は偽善的です。フランスでもだんだん暗唱はさせなくなっていて、ラ・フォンテーヌの『セミとアリ』なんかでも、テキトーに意訳したのを子どもに覚えさせているのがとても残念です。ランボーなんかの時代は、クラシックな詩を暗唱できなかったら夕食抜きとかいう厳しいお母さんがいたので、それが本当に身について十代でその時代の詩のテクニックを全部身に付けていました。

**ビナード**　しかもフランス語だけじゃなくて、ラテン語もギリシア語もばっちりやっている。

**奥本**　だから語源が解っていて、妙な間違いをしないんです。

**ビナード**　もうちょっと遡る（さかのぼ）と、イギリスでは「国語」のイングリッシュの勉強の時間というのがなくて、ギリシア語とラテン語をやるのが学校の言語教育だった。

**奥本**　日本だって武士の時代は漢文ばかり。日本語の文章は特に教えていないんじゃないですか。日本だと、夏目漱石の頃が、日本人の文章力が一番あった時代じゃないですか。漢文ができて、一方、英語で数学から何から全部学んでいる時代です。しかも古文もできるから、西鶴や馬琴なんかもちゃんと読める。読み書きでは三重言語の世代。だから漱石の時代の人は漢詩が作れるんです。ところが芥川の時代になると、漢詩は読めるけど作れない。そういうふうに言葉の力はどんどん落ちて行きますね。

**ビナード**　漱石の昆虫の俳句はいいですよね。

**奥本**　ええ。今度テレビで自分の好きな俳句について話す機会があって、その時に漱石の俳句について喋ろうと思っています。「叩かれて　昼の蚊を吐く木魚かな」とか。

**ビナード**　ブーンと響き渡る傑作！　あんな楽しい句はない。

**奥本**　何とも言えないユーモアがあります。

**ビナード**　本当に好きな句なんだけど、うまく英訳できないですね。いや、できるんだけど、十行ばかりの散文的な詩になっちゃう。まず、お寺で坊主が木魚を叩いているという光景を英語の読者に見せるためには、かなり補って描かないといけなくて……。

**奥本**　木をくりぬいてできている木魚というもの、その中に蚊が入っていて叩かれて出て来る、ということでしょ。

**ビナード**　しかも、蚊は昼間は暑いから静かな陰のあるところにいて、あまり活動していない。木魚には口のかたちをした穴があいていて、その中は陰になっているので涼しい。それを坊主が叩いたらその口から蚊が出てきた。だから「吐く」になるんですね。日本語だと見えてくる情景なんだけど、木魚も知らない英語の読者にその映像と滑稽味を伝えるのはかなり難しい。

**奥本**　木魚＝wooden fishじゃ、サッパリ意味が分からないもんね。

**ビナード**　本物の魚なら、蚊を好んで食うかもしれないが、木の魚にしてしまったら、いったいどうして叩いてるんだ？　怪しまれるだけ。あの句を俳句の体裁を保ったまま英語の読者に手渡すのは不可能かもしれません。

## イソップと生物の寿命

**ビナード**　文学の中に出てくる昆虫をいろいろ思い起こしてみると、作品数ではアリが一番多いのではないかと思うのですが。

**奥本**　ミツバチもありますけど。ギリシア神話にも出てくるし、アリは多いでしょうね。

**ビナード**　ミツバチもアリも社会を持っているので、人間の鏡になりうる存在として描かれるのだと思います。

**奥本**　アリがよく働くというイメージは、イソップが植え付けたのではないでしょうか。

**ビナード**　あの有名なアリの寓話。相手がセミなのかイナゴなのかバッタなのかということがよく言われますが、ぼくは最初 grasshopper のバージョンで読みました。

**奥本**　そうでしょう。イソップがイギリスに輸入されてカクストンという人の木版印刷が流行り、同じ頃にドイツでもシュタインへーヴェルという人の印刷がありますが、彼らは cicada や cigale という単語は知っていたけれども、暖かいギリシアまで行かないとセミがいませんから、実物を知らない。「鳴く虫」というイメージしかなかったんでしょう。それで、コオロギか何かを適当に描いたんですね。

日本のイソップ童話では、一番最初に『イソポのハブラス（*Esopo No Fabulas*）』というポルトガル人の宣教師が訳したものがあるのですが、それが一度断絶して、明治になって改めて英語から訳されたものが広まっているんだと思います。だから、ボロボロの燕尾服を着てバイオリンを持っているキリギリスのイメージになる。当時のイギリス版では、怠け者のキリギリスにアリが最後まで冷たくするんです。「何も食べるものがありません」という時に、「夏のあいだは何をしていましたか?と訊く。キリギリスが「歌っていました」と言うと、「じゃあ今度は踊ったら?」と（笑）。

ところが日本のイソップ童話は、アリさんがキリギリスさんに食事を与えて大事にして、「これからはちゃんと働くんだよ」と言うと「うん、わかった、ぼくもこれから働くよ」という話になっています。それには、こんなんじゃ教訓にならない、怠け者がいつまでも罰せられなくていいのか、という反応もあるんです。

**ビナード**　いいような気がしますけど。

**奥本**　ファーブルは、その最後の「踊っていろ」という場面について、「ラ・フォンテーヌは素晴らしい詩人だけれども、最後はひどく残酷で、子どもにこんなことを教えていいわけがない」と言って怒っているんですよ。だからもしファーブルが日本で翻訳されたイソップ童話を読んだら、「なんて優しい国民だろう」と喜んでくれたかもしれない（笑）。

**ビナード**　ファーブルの世界観は慈悲深く、最初から日本に合っているんだな（笑）。

**奥本**　安土桃山時代にやってきたポルトガル人の宣教師も、残酷な結末は日本人にふさわしくないということで、日本人の国民性に合わせて『イソポのハブラス』の結末をやっぱり優しくして人情話みたいにしているんだそうです。

**ビナード**　ぼくはアリが好きで、その行動を観察していたからかもしれないけど、寓話のラストシーンについてはこう思う。もう冬が来ているんだから、どっちみちイナゴもキリギリスもセミもみんな行き倒れみたいになって果てる。
　その後にアリたちがやって来てせっせと解体して食っちゃうんだろう（笑）。だって倒れているイナゴがいたら、アリはすぐに解体して運んで行きますよね。

**奥本**　それは本当に虫の実物を観察している子どもの感想ですね（笑）。寓話では、イナゴも冬を暖かく過ごすことになっているんですけどね。

**ビナード**　実際にはもう寿命なんだから、悲しいとか残酷とかいうようなことでもない。

**奥本**　本来は次元が違いますからね。でも実際に暖かくしてやると、多少長生きするんですよ。ラフカディオ・ハーンに『草ひばり』という作品がありますが、草ひばりもストーブを焚いて暖めてやるとけっこう長生きする。それを女中さんが餌をやるのを忘れたので死んだと言ってハーンは怒るんです。

**ビナード**　じゃあイソップの grasshopper も、相手のオモテナシ次第でもっと生きられたんだ。

**奥本**　養老院で大事にしてもらえば、われわれだって長生きできるかもしれない（笑）。原始時代の平均寿命は二十歳台でしょう。それが医療や栄養のおかげでだんだん延びてきて、今や九十歳もざらじゃないですか。そんなに長く生きる必要があるのかどうか分かりませんが、日本のように戦争もないし兵役もないという国はなかなかありませんからね。

**ビナード**　でもこれから、徴兵がぶり返すかもしれません。ぼくは、裁判員制度というのは徴兵制復活への準備のひとつじゃないかと疑っているんですけど。市民側からは誰も裁判員をやらせろなんていう声はないのに、政府が一方的に裁判員制度を立ち上げ、みんなに押しつけた。それと同時に、成人の年齢を十八歳に下げようという議論も、ヤブから棒に始めた。
**奥本**　いろんなかたちで自己責任を持たせようという感じが出てきましたよね。
**ビナード**　自己責任と言いながら、政府からの強制に慣れてもらおうというのが本当の狙いですよ。
**奥本**「お上の意向に従え」。たしかに国防についての責任ということで、憲法を改定して徴兵制へという方向に持っていってるかもしれませんね。
**ビナード**　がんばってそれを食い止めたいと思っているんですけど。ついこのあいだも政府のナンタラ諮問委員会の答申があって、成人年齢を十八歳に下げるべきだと言うのですが、要するに二十歳からみんなを徴兵に取ろうとしたって、どうも遅すぎて、頭がだいぶ固まっているからダメ。十八歳じゃないと軍隊に向かないということなんですね。
**奥本**　そして戦争に行けない人たちはもういらない、と七十五歳以上の老人医療を切り捨てる。だけどそれを主に推進しているのは、自分は安全な老人でしょう。

## アリも大志をいだけ？

**ビナード**　アリたちの話に戻ると、社会を持った生き物として人間が自らの運命をアリに投影して語るという場合があります。また、一匹が個人の雛形(ひながた)に使われる場合もあるんです。アメリカの詩人エーモス・ラッセル・ウェルズは百年ほど前に *Ambitious Ant* という、「大志をいだいたアリ」の詩を書きました。

大志をいだいたアリ

エーモス・ラッセル・ウェルズ
訳　木坂　涼／アーサー・ビナード

名高(なだか)いピラミッドをこの目で見てみたいと
アリは世界の旅にでかけた。小川をわたり、
ライムギ畑をつっきり、うずたかくつまれた
干し草(ほくさ)の山までやってきた。そして見あげて
大感激(だいかんげき)――「おおっ、なんてすばらしいんだ、
ピラミッドは！　海をわたったたかいがあった！」

読者は最初、本当にエジプトのピラミッドを見に行くのかなと思うわけだけど、最後になってアリにとっては干し草の山がピラミッドなんだとわかる。人間の観光旅行、物見遊山のおかしさをやさしくからかって、アリに託すことで語れている詩です。

**奥本**　徒然草の中に、せっかく石清水八幡宮にお参りしたのに、入り口の小さな祠(ほこら)か何かを見て帰ってきたというのがありましたけど、それと似ていますね。

それから、そういうアリの世界旅行みたいな話は他でも聞いたことがある気がします。

**ビナード**　アリが旅行するとか有名な場所を見物するというのは、人間を楽しく表現する方法として実に効果的です。そういう意味ではアリはぼくらに近い存在なのかもしれません。

**奥本**　そうですね。「邯鄲一炊の夢」という、眠っている間にアリの世界に入ってすごい出世をして、目が覚めたら粟のご飯が炊けるまでの間に見た夢だったという説話もありますね。英語圏にもそういう虫の文学というのは多くあるんでしょうね。実はいつか「虫の文学史」という本を書きたいと思っているんです。世界中の文学作品の中に現れる昆虫を挙げて、虫の分類に従ったアンソロジーみたいにしていくと面白いんじゃないかな、と。

**ビナード**　面白い作品が世界にウジャウジャ、紙魚に食わせるほどありますから（笑）。中米のエルサルヴァドルの詩人デーヴィッド・ガリンドが書いたアリの詩も印象深かったな。

　アリが花びらを持って木の幹を登るんだけど、体の大きさに比べてその花びらは、まるで一軒の家を堂々と運んでいるようだという。体重と比例して、アリが運べるような物を運ぶことは、どんなに強い人間でも絶対に不可能だけど、ファンタジーの力を借りれば想いの中ならば人間でも運べるはず、といった作品です。

**奥本**　でもさすがにエルサルヴァドルですよ、それはハキリアリ（葉切蟻）ですね。ハキリアリが葉っぱを切り取って運んでいると、同じ女王から生まれた仲間だけどとっても体の小さいやつがいて、そいつがその葉っぱの上に乗っているんです。それをleaf riderと言います。一体何をしているのかと言えば、仲間の運んでいる葉っぱの上で騒いで、寄生蝿が来るのを追い払っているんですね。

**ビナード**　ガードマンですか。すごいなあ。

**奥本**　その葉っぱを巣の中に持って行って醗酵させて、キノコを栽培して食べるんです。だからマッシュルーム栽培の農業をやっているわけでしょ。

**ビナード**　そこへ寄生蝿が来て、室の中に入っちゃうとダメになる？

**奥本**　卵を産んで殖えて、キノコが全部食べられちゃうのでしょう。

**ビナード**　そのためにちゃんと警備員がついているんだ。ハキリアリが葉っぱを運んでいるあの光景を映像で見るたびに、目頭が熱くなります。本当に家を運んでいるようなもの。

**奥本**　昆虫は体が小さいからですけれども、すごい話ですね。カブトムシでも体重の二十倍くらいある物を運ぶことができますから。それに、運んでいる場所は、木の幹だとしても枝だとしても、人間で言えば地上三十メートルとか四十メートルとかに相当するような、落ちたら絶対に死ぬようなところです。でも死なない。

**ビナード**　しかも直角。人間では絶対に歩けない角度でどんどん進む。

**奥本**　テントウムシはガラスの壁を這えるんです。それはなぜかと言うと、彼らの脚の先を拡大してみるとすごい爪があって、掌みたいな部分もあり、そこに細かい毛が生えているので、それが分子間力とかいう力を生じさせて物理的に吸着するらしい。テントウムシは粘液質の物質も出すし、あの小ささだとガラスの壁をベタベタと歩いていけるんですね。

**ビナード**　そもそも六本の足で歩くというのは、安定を保つにはめちゃくちゃいい数です。

交互に三脚で安定を保って、残りの三脚で移動させるという、三脚の原理で歩いているから。

**奥本**　だからゴキブリの脚を一本切ると歩くのに苦労しますよ。ムカデの場合は足がたくさんあるから、波形に歩いていますね。考えて歩いているわけじゃないけれども、あれだって脚を切ったら困ると思いますよ。

**ビナード**　西洋で語り継がれているストーリーには、ある日ムカデが他の昆虫から「お前は歩くとき、どの脚から踏み出す?」と訊かれ、「そういえばどの脚からだっけなあ……?」と考えだして、そのうちに歩く方法が分からなくなって動けなくなった、という話がありま す。

**奥本**　われわれも改めて考えてみたらできないことはいっぱいありますからね。

**ビナード**　本当ですね。ムカデほどの能力は持ってないが(笑)。虫が出てくる文学作品の中で、奥本先生が一番好きなものはなんですか?

**奥本**　やっぱり『堤中納言物語』の「蟲愛づる姫君」でしょうか。あれが一番面白いし科学的ですね。

**ビナード**　姫君は最終的にどうなるんでしたっけ?

**奥本**　未完の感じですが、ゲジゲジ眉毛であれじゃあ男も逃げちゃうし嫁のもらい手もない、という不幸な話で終わりになっています。でもぼくは、あの姫君は平安期の文学作品の中では一番きれいな人だと思いますけどね。あとの人たちは眉毛を剃(そ)ったり歯を染めたりしてるわけでしょう。だけどその当時は女の人がゲジゲジ眉毛であることが、すごく異様だったたんでしょうね。

**ビナード**　あるいは剃ってないから「ゲジゲジ眉！」と言われただけで、本当は普通だったのかもしれませんね。

**奥本**　普通だったんですよ。でも女性の習慣に反していたということですね。

**ビナード**　あの話は「女だてらに」「女の子のくせに」というエピソードをつなげていますね。女なのに眉毛を剃っていなくて、女なのに昆虫が好きで。だけど昆虫が大好きな女の子がいて何もおかしくないし、その「女だてらに」の社会の有り様を諷刺しているでしょう。

**奥本**　もちろん。おそらくあれを書いたのは男性でしょうね。

**ビナード**　昆虫をレンズにして、男女差別を見抜いてからから物語になっている。

**奥本**　そうです。平安時代の男女差別そのものへの批判でもあるし、あれは相当いろんなことを分かっている人が書いたのだと思います。

**ビナード**　奥本先生が現代語訳される予定はないのですか？

**奥本**　平安朝の言葉は読めませんから。でも、ちゃんと読めないものを翻訳するところにスリルがある（笑）。

**ビナード**　「蟲愛づる姫君」は絵本にもなっていますね。

**奥本**　あれを子ども用の良い絵本にしたらいいかもしれないね。

## クマゼミと原爆の記憶

**ビナード**　意識して見てみると、文学作品の中には昆虫がたくさん存在して役割を担っていることが分かります。一方、日常生活ではゴキブリが出たとか蚊に刺されたとか、自分に直接かかわってくる虫くらいしか意識していません。ただ、意識しなくてもその存在は大きく、いなくなったらかえって実感すると思います。たとえば、毎年八月六日と九日に「原爆の日」が巡ってきます。両日ともクマゼミ一色、みんなあまり意識しないが、あの鳴き声が決定的なんです。

**奥本**　シャアシャアシャアシャアシャアという。西だからね、被爆地が。

**ビナード**　クマゼミの声がなければ「原爆の日」じゃないと言ってもいいぐらい。黙禱（もくとう）を捧げる時には、あの鳴き声がすべてを満たしているわけでしょう。当然クマゼミも原爆に遭遇しているわけで、原爆投下の後はクマゼミが鳴いていなくて静かなはずです。そうやってクマゼミを通して広島と長崎の原爆のことを感じると、人間の想像を絶するものが、少しだけ把握できる気がします。

**奥本**　原爆のドラマを作る時に、被爆直後のシーンにクマゼミの声が入るとまずいですね。

**ビナード**　人々の原爆体験の話を聞いたり読んだりしていると、その朝はセミが盛んに鳴いていたというふうに出てくるんです。今年の長崎の被爆者代表・奥村アヤ子さんによる平和への誓いにも、「六四年前と同じ八月九日が、蟬の声と共にまためぐってきました」という一文がありました。

**奥本**　東京では玉音放送の背景でセミの声がしてもおかしくないのですが、ただしクマゼミではいけない。

**ビナード**　アブラゼミでなくてはいけませんね。

**奥本**　もしくはミンミンゼミです。

**ビナード**　ところが最近は東京にもクマゼミが進出してきたという話を聞きます。

**奥本**　熱海あたりからどんどん来ていますね。神奈川にはナガサキアゲハもたくさんいますよ。

**ビナード**　そうなんだ。クマゼミは午後になるとあまり鳴きませんよね。

**奥本**　クマゼミが鳴くのは、朝と夕方です。アブラゼミと、ミンミンゼミは一日中鳴いています。

**ビナード**　長崎では、午後になるとアブラゼミの声が聞こえるが、午前のクマゼミは本当に圧巻です。

**奥本**　ぼくも夏休みの朝に起きるとクマゼミがシャアシャアシャアシャアと鳴いていて、「ああ、学校行かなくていいんだ」と思っていました（笑）。

**ビナード**　大阪で、ですか？

**奥本**　そうです。

**ビナード**　ぼくは来日してずいぶん経ってから初めて夏の関西に行ったのですが、びっくりしましたね。

**奥本**　違う世界でしょう。夏の大阪なんて熱帯より暑いですよ。

**ビナード**　東京の夏も地獄ですけどね。

**奥本**　京都ではミヤマクワガタを「源氏」、コクワガタを「平家」と呼びます。

**ビナード**　へえ、ホタルだけじゃないんだ、源平は。

**奥本**　そうなんですよ。やっぱり歴史のあるところですから。信州のほうでは、カブトムシのオスを「弁慶」と言っています。格好いいでしょ？　芝居好きの大人の話なんかを聞いているから、子どもも「弁慶」だとか言うんですよね。でもカブトムシのメスは角がなくてただ体が大きいだけで価値がないから、「ブタ」だって。子どもははっきりしていますよね。

**ビナード**　「弁慶」と「ブタ」ですか？　カブトムシの繁栄と繁殖のためにはメスこそいなくちゃダメなのに……。日本に来て、最初にこの国のいろんなクワガタを見た時、ぼくはノコギリクワガタが一番カッコいいなと思った。

**奥本**　ノコギリクワガタは角のかたちから「牛」と言うんですよね。下向きにぐっと反っているでしょう。人気があるのはミヤマクワガタですが、ミヤマクワガタは関東には少なく関西には多い種類です。

**ビナード**　地方名や俗称というのは、どこかその土地の実体とつながっていますよね。

**奥本**　ええ。子どものリアリティですね。今の子どもはオスのクワガタのことを「チャンピオン」と呼んでいるのですが、メスはなんと言うと思う？　「おばあ」だって（笑）。

**ビナード**　奥本先生が子どもの頃に好きだった昆虫はなんですか？

**奥本**　ぼくは全部好きだったんですよ。だからそう言われると困る。

**ビナード**　特に好きなのは？

**奥本**　それはもちろんカブト、クワガタとギンヤンマ。ギンヤンマのメスを糸で縛って飛ばすと、オスがそのおとりにサーッとやって来て、簡単に捕れるんです。サムソンとデリラですよ。デリラを裸で縛っておいたらサムソンを捕まえるのなんて簡単でしょ（笑）。

**ビナード**　それは一種の友釣りじゃないですか。

**奥本**　そう、アユと同じです。アユの場合はオス同士の縄張り争いでしょ。だからギンヤンマのオスを捕まえて飛ばせば、他のオスが寄ってきます。だけど交尾しようとしてつながるところまでは行かない。でもメスだったら交尾して離れなくなっちゃうので、素手で簡単に捕れるんです。針金でできた大きなネズミ捕りいっぱいに捕ったこともあります。昔はいくらでもいたんですもん。今の東京でも、川や池の水さえきれいだったらトンボはいっぺんに復活しますけど、全部埋めちゃったからね。

**ビナード**　コンタリートの護岸工事をすると、何も生まれてこなくなってしまいます。

**奥本**　土手に虫の入り込む隙間がない。だから東京でオリンピックをまた開催するなんて、とんでもない話。

**ビナード**　一九六四年の東京オリンピックで、水の都東京が台無しにされたんですよね。「東京ホロビンピック」ですよ。

**奥本**　日本橋の上にあんなものを作っちゃったりして、景色もめちゃくちゃになったじゃないですか。

**ビナード**　本当ですね。ぼくはカワトンボが特に好きです。ミシガン北部の川にはブルーやグリーンの美しいイトトンボ、カワトンボがいます。翅（はね）は真っ黒です。

**奥本**　じゃあハグロトンボに近いのかな。

## 詩人は虫である

**ビナード**　八木重吉という詩人は、「大山とんぼ」という詩を書いています。

**奥本**　オオヤマトンボはオニヤンマとはよく似ているけれども科がちがいます。八木重吉はオオヤマトンボのことなんて、よく知っていましたね。

**ビナード**　ぼくが持っている詩集の解説には、「オオヤマトンボ＝東京近郊のオニヤンマ」と書いてあったのですが、これは間違いですね。

大山とんぼを知ってるか
くろくて　巨（おお）きくて　すごいようだ
きょう
昼　ひなか
くやしいことをきいたので
赤んぼを抱いてでたらば

大山とんぼが　路にうかんでた
みし　みし　とあっちへゆくので
わたしもぐんぐんくっついていった

**奥本**　八木重吉は一行目でまず「大山とんぼを　知ってるか」とドーンと来たのに、きっと解説を書いた人は知らなくて、動揺したのですね（笑）。

**ビナード**　「みし　みし　とあっちへゆくので」という表現も、トンボの飛び方を彷彿とさせます。

**奥本**　耳のそばをかすめたりすると、実際にそういう翅の音がするんですよ。

**ビナード**　そして「わたしもぐんぐんくっついていった」という、この感覚は悪くないです。

**奥本**　ええ。それから、悲しいことと悔しいことがあって赤ん坊を抱いて、という若い所帯持ちの話です。屈辱感に苦しむ男がヒロイックなトンボを見た時に気持ちが晴れるという憧れだと思いますが、その心情はよく理解できますね。

**ビナード**　赤ん坊を抱いたままトンボについて行っているというのがなんとも面白い。

**奥本**　赤ん坊というのが自分のひとつの弱みでもあるし希望でもある。そこにヒロイックな立派なトンボが出てきた、というのは、すごくいい取り合わせだと思います。

**ビナード**　「路にうかんでた」というのもなんか……。

**奥本**　これはやっぱりオニヤンマでしょう。オオヤマトンボは道路には出てこないと思う。

それにホヴァリングはまさに「浮かんでた」ですよ。
トンボは不思議なことに、こちらが捕虫網を持っているとその射程距離内には入らない。人間が棒を持っていて、その先に網が付いている。それが危険なものだということが、どうしてトンボに分かるんですかね？　生まれてひと月も経っていないようなトンボが学習したのでしょうか？　……知能ではないけれども、勘でしょうね。

**ビナード**　その勘を持ち合わせている個体が生き残ってきたわけですから。

**奥本**　さらに、射程内に入っていないのに焦って網をビュンッと振ってしまうと、トンボは二度と近寄って来ません。それがいかに危険かということを学習するんですね。ハチでもトンボでも一回騙されると二度と騙されませんから、昆虫にも記憶力や学習力があるということです。だから網を振るチャンスは一回だけなんです。でもメスのトンボを使えば、オスは何遍でも騙される。それだけメスの魅力は強く、オスはそれしか考えられなくなって他のことが一切見えなくなってしまうということ。

**ビナード**　この世の八百万のオスの個体が気をつけなきゃいけないところですね（笑）。

**奥本**　そのとおり（笑）。メスの場合はそんなこと考えていなくて、頭にあるのは食うことと卵を産むことだけですね。昆虫の場合は、蛹から羽化してきた時にオスを選り好みしたりしません。そんなことしている暇がないくらいで、チョウチョなんかまだメスが羽化したばかりで翅が伸びていない時に、もうすでにオスが集まってきて交尾していることもあります。
アポロチョウの仲間は、メスと交尾するとオスがプラスチックのようなものを塗り付けます。それが乾くとメスが二度と交尾できない貞操帯（スフラギス）になり、自分の子孫を他のオスに取られないようにするんですね。そういうことを原始的なアゲハの仲間はみんなやります。

**ビナード**　ズルイなあ。八木重吉にはもうひとつ、「虫」と題した五行だけの詩があります。

虫が鳴いてる
いま　鳴いておかなければ
もう駄目だというふうに鳴いてる
しぜんと
涙がさそわれる。

**奥本**　詩人＝虫ですからね（笑）。詩人はいつまでも才能が続くわけではありません。

**ビナード**　「いま　鳴いておかなければ　もう駄目だ」といってる八木重吉自身も、そういう生物なんだ。この短い一篇は、これは「大山とんぼ」のように細かい種類を提示して「知ってるか」といった導入とは、正反対の態度ですね。

**奥本**　こちらでは「虫」としか言っていない。これで「秋の鳴く虫」を指すんですが。

アメリカの大学で日本語を教えている人が書いていたのですが、大学院級のかなり上級のクラスで川端康成の『山の音』を読んでいて、主人公が家の中から雨戸を開けると外は真っ暗。それを見て、「八月一〇日過ぎだというのにもう虫が鳴いている」という、その文章がアメリカ人の学生には分からないそうです。

**ビナード**　まあ、「もう秋の虫が鳴いている」って言ってやらなくちゃ。「虫」なんて夏のあいだじゅうずっと鳴いているじゃないか、と思ってしまうだろうね（笑）。

**奥本**　日本語を勉強している人は和英辞典を引くんですよね。そうすると、「虫」を調べるとinsectかbugと出てくるでしょ。「鳴いている」はsingとかcryとか。そのふたつがまずつながらず、「insectがどうしてsingなのですか？」と訊かれるという。

**ビナード**　それはちょっと昆虫の知識が足りない部類のアメリカ人の話ですね。

**奥本**　それと、なぜ「もう」なのか？と。

**ビナード**　そこの理解が少し難しいかもしれません。

**奥本**　それで、しょうがないから「日本には鳴く虫を鑑賞する伝統が昔からあって」とか、全部説明するのだそうです。「コオロギや鈴虫の鳴き声を聞くと、もう秋が近いんだなあということが胸に浮かぶ」と。そうしたら最後に、「論理的には理解できました。で、それがどうしたんですか？」と言われたらしい（笑）。

**ビナード**　そこまで説明すると、もういいよと食傷してしまいますね。アメリカに生まれ育ったぼくに日本でいろんな人たちが、「アメリカには虫の声を楽しむという文化がないらしいし、雑音にしか聞こえないのでしょ？」とか言って確認しようとします。

　こっちは小さい時から昆虫に夢中だから、捕まえてはコオロギの声に耳を傾けて鳴き方を観察したりしています。英語でも「虫が鳴く」という場合の動詞には、もちろんsingも使えるしchirpを使ったりもしますから、虫の声を愛でる文化がまったくないわけではありません。表現する動詞もちゃんとあるから。

西洋人には虫の声を楽しむ文化的土壌がないというのはおかしい。虫の声を楽しまない人がかなり多いというのは事実ですが、日本人だって鈴虫の声なんてまったく分からずに生きている人は少なからずいるでしょう?

**奥本**　となると、虫が分かる人とそうでない人との比率の問題ということになりますね。

**ビナード**　そうですね。それから、日本語には昆虫と季節の豊かな結びつきがあって、歳時記という書物の中で「夏の虫」「秋の虫」といったようにちゃんと分けているので、「鈴虫が鳴きだした。ああ、またこの季節が来たんだ」と感じるための情報が言語に組み込まれている。代表的な昆虫がシンボルとして作用する。

あるいは小説の流れの中で、わざとらしくないかたちで時間軸を示す道具として、昆虫が使われているという特徴はあると思います。

**奥本**　しかし同じ日本人でも、明治や昭和の人と、現代の東京の真ん中で生まれてマンションで育った人とでは、知識や経験に大変な差があるんじゃないですか。

**ビナード**　しかも東京ではヒートアイランド現象が起きているから、すでに歳時記とは噛み合わない季節の状況になっている。

**奥本**　これからは歳時記を一生懸命勉強しないと理解できないという時代になるのではないかと思います。

**ビナード**　そしてへたをすれば、勉強して理解しても、現実の生活とは合致しないかも。

**奥本**　文学の中の昆虫や自然も、書き割りのような浅い部分がある作品が増えたような気がします。そういう点で花鳥風月と無関係な生活をしている人の作る作品は、絵でも詩でもどうしても伝統から断絶したものになるでしょう。伝統に対する反撥も多少は必要ですが、単なる無知なら底の浅いものにならざるを得ないでしょう。

（２００９年８月11日、東京・千駄木、ファーブル昆虫館にて）

（「ユリイカ」２００９年９月増刊号）

## 僕らはみんな虫なんだ

×ビートたけし

ビートたけし

タレント、司会者、映画監督。一九四七年生まれ。TV番組「元気が出るテレビ!!」「ひょうきん族」。映画『その男、凶暴につき』『HANA-BI』『座頭市』。著書『たけしくん、ハイ!』『浅草キッド』。

**たけし**　先生とおいらの年の差は、三歳ぐらいだから、同じ世代ですよね。子どもの頃は、環七できる前で、足立区でも池はあるし林はあるし、カメやヘビや昆虫もいて、それを追っかけ回していた。

**奥本**　そうですね。今は子どもがチョウチョを採っていると、腕章を巻いたおじさんが来て、これは村の天然記念物だから採るなとか言う。しかし、そのおじさんたちは子どもの時、さんざんそのチョウを採っていた（笑）。

**たけし**　昔、おいらが育った梅田あたりでは、危ない人がいっぱいいた。その当時、まだヒロポンが残っているわけ。ある夏に、近所のおやじが注射器でヒロポンを打とうとした瞬間に、警察のガサ入れが入った。で、子どもが「父ちゃん、警察」って。とっさに子どものカブトムシに注射を打った。それで、昆虫標本を作るフリして、警察に「何の用ですか」って言ったら、ヒロポン打たれたカブトムシが急に元気になって、ものすごい勢いで飛んでいった（笑）。

**奥本**　でも、今デパートで昆虫採集セットの注射器を売っていないでしょう。その理由の一つには、昆虫採集以外の用途に使われる可能性があるから、ということらしいんです。

**たけし**　今、注射器は売っていないんですか。昆虫採集も、カブトムシだったら死ぬまでずっと遊んでいたけど、基本的には、ただ虫に注射を打ちたくて採っていたように思う。

**奥本**　実は、もともと注射なんか打つ必要がないんです。たとえば、カブトムシが死んだら乾燥させれば、それだけでいいんです。みんな防腐剤が要ると思っていますが、そんなのは必要ない。毒ビンにも入らないような大きな虫をすぐ殺す、という時はアルコールを打ちますが。子どもに買わせるために、注射器つけてセットにして売ることを考えた頭のいい人がいるんですよ。

**たけし**　それは初めて聞いた。

**奥本**　何十年目の真実（笑）。

**たけし**　先生が虫を採り始めたきっかけは何だったんですか。

**奥本**　大体、昔の子どもはすることになっていたでしょう。近所の中学のお兄さんとかが教えてくれる。

**たけし**　必ず二つか三つ上とか、もっと離れた年上の人がいろいろ教えてくれましたね。残酷なことも教えてくれて、トンボの羽を一枚取って、飛ばすと「ほら回るぞ」とか。

**奥本**　しっぽ切ってマッチの軸を刺すと、ちゃんとまっすぐ飛ぶけど、それを抜くときりきり舞いするとか。

**たけし**　あと、おいら悪いことしかしないから、トノサマバッタ持ってきて、授業中に友だちの顔のところまで持ってきて、「バッタキック！」といってバッタにキックさせていたんです。先生は最初から、オーソドックスな昆虫採集だったんですか。バッタキックみたいなことはやらない？

**奥本**　私は、最初はトンボとりですよ。幼稚園とか小学校の二、三年まではトンボとり。四年生から白い捕虫網を持って昆虫採集。

**たけし**　虫採りにクモの巣を使いませんでしたか。クモの巣を竹ざおかなんかに絡め取って段々にしてね。クモの巣の粘つきを利用して、それで虫を採る。

**奥本**　クモの巣で使うのは、大きなジョロウグモとか、コガネグモとかで、糸の太いやつですよね。それを先の枝分かれした棒を見つけてきてぐるぐる巻きにする。

**たけし**　捕虫網の網が破れてなくなっちゃうと、丸い金の輪だけが残るじゃない。それでクモの巣をひっかけて、自家製の網にして、虫を採ってくるという方法もあった。でも、肝心の虫に近づくのが大変だったり、と苦労はありましたね。

**奥本**　理論と実践がうまくいかないんです（笑）。

## 虫は癒し

**たけし**　おいらたちの年代は子どもの時は、みんな虫を採っているのに、どこかでやめますよね。

**奥本**　まあ中学に入ったら終わり、が多いですね。それでも止めない奴、虫好きにとっての三大障害というのがあるんです。一つは受験勉強ですね。もう一つは就職。会社員になると昆虫採集している暇もなくなるでしょう。私の知ってるある銀行の頭取ですが、ずっと〝虫屋〟であることを隠していた。ゴルフに行ってチョウチョの羽を拾った時に、「どうしてそんなことをするの」って言われて、カミングアウトしたって（笑）。最後の大きい理由としては、結婚ですよね。奥さんが嫌がる。

**たけし**　だって、標本箱を整理するような引き出しみたいなのを持っているわけでしょう。カミさんは嫌がるわけだ。おいらの場合は、まあ環七ができたことかな。

**奥本**　東京オリンピックで虫はがたんと減りました。

**たけし**　林や池や田んぼが全部宅地になっちゃいましたからね。だから、越谷とか、東武線沿線のあそこにオニヤンマがいるんだなんていう話があると、みんなで電車に乗って採りに行ったな。それで、地元の変なおじさんにヤンマを採りに来たと言うと、どこへ行けばいいか教えてくれたりしましたよ。

**奥本**　〝土地の古老〟がいると、カブトがいる木とか、ヤンマのいる池とか知っていますよね。そういうおじさんも本当は今でもやりたいんだけど、みっともないから我慢しているわけ。

**たけし**　大人になると、虫採りってできない。先生にしても、虫好きの養老孟司先生にしても、どんなに立派な学者の先生であっても、失礼だけど、網を持った瞬間に間抜けに見えてしまいますね（笑）。威厳がなくなっちゃう。だから、みんな、「私は昆虫採集が趣味です」って言わないんじゃないかな。でも、さっきの受験、就職、結婚の三大障害を乗り越えると、先生のように虫を趣味にし続けることができるわけですか。

**奥本**　そう、死ぬまで直らない（笑）。子どもが大きくなって手が離れた時とか、あるいはふと自分は会社で何をやっているのかなと虚しくなる瞬間とかがあるんです。そうすると、虫への思いの焼けぼっくいに火がついて、それでもう一回戻ってくる。

**たけし**　例えば銀座のクラブで飲んでいて、「趣味、昆虫採集です」って勇気だして言ったら、かえってウケちゃったりなんかして。でも、自分の家に帰ってきて、本当のことを言ったのに何でウケちゃったのかななんて――。

**奥本**　沈んだりしてね（笑）。

**たけし**　それで、チョウの標本を引っ張り出して、「みんな、おまえたちのこと分かってくれないんだ、ゴメン」って（笑）。

**奥本**　「おまえたちが悪いんじゃないんだよ」（笑）。でも、勤め先の学校で嫌なことがあったりするでしょう。そんな時でも、標本箱をすっとあけて、虫をじっと見てると治るんです。

**たけし**　虫を見るのが癒しですか。

**奥本**　癒しですね。

**たけし**　でも、標本にされた虫のほうはたまんない。

**奥本**　癒しだからね。虫のことまで考えている余裕なんてない（笑）。

**たけし**　虫好きの中には、飼育派とか、標本派とか流派が分かれるものなんですか。

**奥本**　飼育派と採るのが面白い採集派と、標本を買ってでもいいから自分で標本を集めたい派と、それから飼育から虫の食う植物のほうへ行ってしまう人間もいます。文献集めて、故事来歴を調べるのが好きという人もいるし、虫の切手収集だけになってしまった人もいる。私はすべてやっていますけれど（笑）。

**たけし**　最近はディスカバリーチャンネルで昆虫の特集をやるので見ると、改めて虫は面白いって思う。化学兵器みたいな虫がいっぱいいる。何百度の混合ガスを吹くやつとかいるんですね。

**奥本**　ミイデラゴミムシの仲間は、体内に二つ化学物質を持っている。敵が来たら、それを瞬間的にばっと混ぜ合わせて爆発させるんです。それが目に入りでもしたら大変ですよ。

**たけし**　要するに、虫のいろんな生態を見ていると、虫は化学兵器とかを体内に持っているし、獲物を捕獲するためにありとあらゆる作戦を練るわけだ。

**奥本**　最近、アリの専門家に聞いたんですけど、アリの中にも働きアリでそういう化学物質を持っているやつがいるらしい。敵が来て、興奮すると体内で化学物質が混ぜ合わされて爆発する。それで毒物質をぶちまける。

**たけし**　自爆テロだ。

**奥本**　それで、「アリカイダ」って名づけたんだけど（笑）。

**たけし**　おいらはクモが好きなんです。クモも木の枝の間に巣を張って真ん中に堂々といる奴じゃなくて、葉っぱと葉っぱの間にドームみたいなのをつくって、その奥にいるやつがいるわけ。そこにハエを採ってきてポトンと落とす。すると、その振動でドドドッと中からクモが出てくるんだけど、面白い。

**奥本**　肉食はみんな面白いですよ。頭使っていますから。草食はぼうっとしています。草食は食い物が何ぼでもあるから。草食のバッタとか何となくアホ面してるでしょう。肉食のは食えない顔してますよ。クモも油断のない面構えしてる。

**たけし**　クモは正確にいうと昆虫じゃないわけですね。

**奥本**　でも、あれも虫ですよ。みんな、この世界に生きているものは虫なんです、昔の分類ではね。われわれは裸虫（笑）。獣は毛虫だし、鳥は羽虫。魚は鱗虫にすぎません。

**たけし**　だいたい人間が想像できるような組織の作り方や戦争の仕方まで、全て既に昆虫はやってるんですね。

**奥本**　人間の思いつくようなことは大体あります。むしろ、人間の科学が進んできて、虫がやっていることの意味がようやく少し分かってきたと言ったほうが正確ですね。

**たけし**　日本は、絹を作るために蚕（かいこ）を飼っていたでしょう。だけど、今の科学で注目されているのは、クモの糸で、あれぐらい研究されているものもないんじゃないでしょうか。

**奥本**　クモの糸をもし工業化できたらすごいことですよ。

**たけし**　なんとか人工で作ることはできないのですか。

**奥本**　クモは肉食でしょう。だから草食の蚕なんかを飼うよりは効率が悪いんだと思う。肉骨粉でも食わせるとかしないと。ＢＳＥグモになるけど（笑）。クモに麻薬を飲ませると糸がめちゃくちゃになるんですよ。三角形の巣を張ったり、手抜きの変な巣になるんです。

**たけし**　前は宇宙へクモを持っていって、シャトルの中で巣を張るかどうか実験したりしていたでしょう。

**奥本**　クモは重力がないとうまく張れないですよね。

**たけし**　１Ｇないと駄目なんじゃないかな。上から下に降りても来られないし。宇宙ではわりかし妙なことをやっていますよね。旧ソ連では、密かに男と女が宇宙でセックスする実験をやっていたという。でも、もうやめてるらしい。宇宙船でセックスしたら、最後の瞬間には男が女の身体から飛んでいって、宇宙船の壁に激突して危ないから（笑）。

### げにすさまじきは昆虫のメス

**奥本**　ハチの交尾はバーンとオスの腹の中が爆発して、本体がするするするっと抜け落ちていくんです。そうするとメスは飛びながら、また次のオスと、またバーンと。それを繰り返して、一生分の精子をためて、あとで小出しに使っていくんですね。

**たけし**　それで、次々と違うオスの子を産んでいくわけだ。だから女王蜂はでかい身体して、ローヤルゼリーか何か食べてぼんぼん産む。昆虫のメスはすごいよね。セアカゴケグモのメスも、たいていオスを食べちゃったりする。カマキリのオスだってメスに食われる。でも、食われながら、下半身だけは動かしているからすごい（笑）。

**奥本**　カマキリには脳が幾つかあって、腰使う脳と頭の方とでは別なんですよ。

**たけし**　下手すると、カマキリのオスほどの快感は他にはないんじゃないか。頭を食われながら、まだ下のほうは生きていて、それで精子でも出そうものなら、ヒロポン十本打って、セックスするようなもの。もう死んでもいいと思う（笑）。

**奥本**　カマキリの場合、オスを栄養のために食べると言われていますが、実は動くものはオスであろうと何であろうと、全部エサだということなんです。だからオスはささっとやって逃げなければいけないんだけど、逃げ損ねると捕まっちゃう。

**たけし**　オスによっては逃げ延びては何回もやってるわけだ。

**奥本**　ええ、だから必ずしもメスに食われるとは限らないんです。そのためにオスは身体がすらっとしていて飛べるんです。メスは大量の卵が体の中にあるので、重たすぎて飛べないんです。

**たけし**　男と女の関係も虫に学べますよね。男女共同参画とかフェミニズムなんか言っているけれど、昆虫を見たりしたら、とてもそんなことを言えないと思う。

**奥本**　オスとメスと、それぞれ仕事が違いますからね。人間でも違うところと違わないところといろいろあるわけだから、それはちゃんと議論したほうがいいんじゃないかな。

**たけし**　人間のやることは虫はすべてやるという話だったけれど、女のひっかけ方もいろいろ考えているんでしょうね。

**奥本**　オドリバエというハエは、肉食なんだけど、獲物をとってきてメスにプレゼントして、メスが夢中になって食っている時に交尾をすませてしまう。中にはプレゼントをやるふりだけして、交尾のやり逃げというふとい奴もいる（笑）。

**たけし**　三角関係もあったりするんですか。

**奥本**　ゾウムシとかクワガタでも同様で、どでかいオスとこんな小さいオスといるでしょう。そうすると、大きいオス同士がけんかするじゃないですか、メスを争って。その間にちょこちょこと行ってさっと交尾してすぐ逃げるやつがいる。マメ男（笑）。

**たけし**　ヒモみたいな虫はいないんですかね。

**奥本**　アリの巣の中にいる、ヒゲブトオサムシの仲間とか、ああいう虫はヒモじゃないけれど、みんな居候（いそうろう）ですよね。ハケゲアリノスハネカクシなんて、背中から麻薬みたいな物質を出すんです。そうすると、アリはそれを舐（な）めさせてもらうのに夢中になって、とうとう自分の幼虫の世話をするのを忘れちゃう。それで巣が全滅する。

**たけし**　麻薬中毒になるようなものだ。

**奥本**　その話がアル中を諌（いさ）めた本に教訓として出てる（笑）。アリの巣には、いろんな虫がたくさんいる。なにしろアリの巣の大きなものは、われわれの尺度に直せば超高層ビル以上。だから、その中にいろんな人がいて暮らしていると考えれば不思議ではないんです。一番下には、ごみ捨て場みたいなのもありますしね。

**たけし**　六本木ヒルズみたいなもんですね。

**奥本**　まあ、ビルでも、普通の人の多い通り路の横のドアを開けると、違う世界があるでしょう。それと虫の感覚でいうと、巣の大きさもそうだけど、空気や水との物理的な関係が違うんでしょうね。つまり、昆虫を机の上からぽとっと落としても死なないでしょう。小さなウスバカゲロウみたいなものにとっては、空気の中というのはわれわれが水の中を泳いでいるみたいな、粘り気があるようです。だから、高いところから落ちることは何でもないいんです。

**たけし**　そういった感覚は、虫になってみないとわからないね。

### ムシにもおかまがいる？

**奥本**　それにね、もし昆虫とか鳥が飛んでなければ、飛行機の発明だって百年も二百年も遅れていたと思いますよ。空を飛ぶ生き物がいなければ、飛ぶということを思いつかないもの。そういうものが存在しているから、発想できるんです。

**たけし**　今のマグダネル・ダグラスが作っている飛行機だって、ホバーリングというか、飛んでる時の空中の止まり方にしても、虫と同じようには全然できないでしょう。

**奥本**　ジェット機とハエとがどっちがすぐれているかという議論があったんです。ハエは天井に逆さまにふっと止まるし、いきなり後方にすっと飛んだりする、でも、最終的に議論の決め手になったのは、ジェット機を二台置いておいたら増えるかって。ハエは二匹いたら、いくらでも増える（笑）。

**たけし**　おいら子どもの頃、ハエの何がすごいって、うんちを手で触れるからすごいって思っていた（笑）。しかし、どうやって昆虫は飛ぶようになったんですか。鳥だったら、恐竜から進化したという話になっていますよね。

**奥本**　昆虫の初めは、足のたくさんあるムカデみたいな仲間でしょう。あの足が減って形が洗練されていくんです。前のほうの足が何本も前へ前へせり出してきて口器になる。複雑なこのあごね。実は、あれ分解すれば足なんです。その足は別として、羽がどうして進化したかは、また違うでしょう。そんな簡単には説明がつかないんですよ。

**たけし**　それに、虫はふだんは見せない羽があったりして、急に飛ぶなんてこともする。

**奥本**　カナブンってぽんと投げても上手に飛んでいくでしょう。カブトムシは、投げられるとぽとっと落ちる。あれコガネムシの仲間に系統が二つあって、カナブンの仲間は上の羽は半分閉じたまま、下の羽だけさっと出すことができるんです。だからポンと投げるとすうっと飛んでいく。カブトムシは上の羽をガバッと開いてからでないと、飛べないんです。だいたい飛ぶのが下手なやつは夜行性で色が地味。昼間飛ぶやつは色がきれいで飛び方が速いんです。チョウチョは昼間で、蛾は夜でしょう。蛾も飛び方がどっちかというと下手です。ですが、それはちょっとおかま的な美しさがあるんですよ。ゲイばっかり集めるとおもしろい。

**たけし**　子どもの時に教わったのは、チョウチョは羽を背で縦に合わせて止まる、蛾は羽を横にペタッと広げると。だから蛾ってわりかし擬態するみたいな性質を持っているわけですか。

**奥本**　枯れ葉みたいに擬態したりしますね。チョウと蛾というのは、要するに鱗翅目という大きなグループがあって、その一部だけがチョウチョで、あとは全部蛾なんです。チョウだか蛾だかわからない、グレーゾーンみたいなやつもいて、セセリチョウは蛾だという人もいるし。

**たけし**　止まる時に、羽はどうなっているのですか。

**奥本**　セセリチョウは一応羽は立ちますけどね。ぴたっと合わないんですよね。

**たけし**　自分では「チョウチョだよ。羽が立っているじゃないの」って主張している。

**奥本**　でも、羽がピタリと合わないことにコンプレックス持ってたりしてね。それだけは言われたくないって（笑）。

**たけし**　同じ昆虫でも、地方によって差が出てきたりもするんですよね。ホタルでも、光る時間の長さが違うでしょう。

**奥本**　だから点滅の時間で方言があるんですね。西のホタルと東のホタルは違うんです。

**たけし**　光り方が、なまってるんだ（笑）。

**奥本**　点滅のタイミングが違うんです。東南アジアなんかに行くと、肉食のホタルで方言を真似るやつがいるんですね。真似て安心させて引き寄せておいてガブッと食うという。

**たけし**　どうやって稼ぐかしか考えていない人間と同じで、虫って、どうやって食うかしか考えてない。

**奥本**　虫が考えているのは、どうやって食うかと、どうやってメスとやるかだけ。メスは食って子どもを産むことだけです。

**たけし**　虫は潔いんだね。偽善系がいないから。ところで、虫って地球上でどのくらいいるんですか。
**奥本**　ちょっと分かりません。私の子どもの時は、生物全部で百万種と言っていたでしょう。そのうちの六割が昆虫と言っていましたが、そのうち虫は一千万種と言い出した。今は三千万種いるかもしれないと言われている。無名の虫がいっぱいいるんです。
**たけし**　だから虫屋さんは楽しいらしい。
**奥本**　新種を発見したかったら、人のやらない昆虫かダニをやればいいんです。ダニだと簡単に新種が見つかりますよ。それでダニに人の名前をどんどんつけているやつがいる。
**たけし**　新星にも名前をつける人がいるけど、ダニに自分の名前がつけられるのは嫌だね。おいらの名前をつけられたら、ダニキタノ。ダニーケイなんて（笑）。
**奥本**　名前をつけたければ、ラテン語とかそんなの知らなくていいから、その人の名前の後にイをつければいいんです。そうすれば、献名できるんです。
**たけし**　となると、キタノイ。新種を発見した時は、どこに申請すればいいんですか。
**奥本**　三十部以上の印刷物にして出して、主な博物館、研究機関に配ればいいんです。それは自分で刷ってもいい。
**たけし**　先生も今まで名前をいっぱい付けているんですか。
**奥本**　ぼくが自分の名前をつけたのはチョウが一種類だけです。あとは他の人のために、いろんな名前を考えましたよ。

**たけし**　今まで付けた名前で一番気に入っているのは。

**奥本**　フィリピンのネグロス島にカンラオンという山があるんです。そこで採れたカザリシロチョウの仲間にデリアス・ガニュメデスとつけた。ギリシア神話の中で、ガニュメデスというのはすごい美少年で、ゼウスが鷲（わし）になってさらっていくんです。そのカンラオンという山に吹き上げの上昇気流があって、山頂のところで待っていると、そのチョウチョが吹き上げられてきて、こっちが捕虫網振る前に、アマツバメがさっとさらっていくんです。「鳥にさらわれる美しいチョウ」という意味でつけたんです。

## 不思議な進化

**たけし**　ところで、先生がこれまで採った虫の中で印象にあるのは何ですか。

**奥本**　それは一番最初は、子どものとき初めて採ったギンヤンマとかアサギマダラとか。それと、トリバネアゲハという、こんなに大きなチョウチョがいるでしょう。ああいうのを採った時は人並みに嬉しかったし、それから南米のメタリックな青い色のチョウがありますね。モルフォチョウっていいます。ああいう、子どもの時から、あこがれてた虫を採った時は嬉しいです。実際にジャングルの開けたところなんかに飛び回っているのを見ると夢かと思いますよ。

**たけし**　そのモルフォチョウはどうやって採るんですか。

**奥本**　網ではとても届かないんですよ。だから青い銀紙を持っていって、キラキラ太陽光線をはね返していると降りてきますね。
**たけし**　そこをバシっと。
**奥本**　本当に悪いことしますね（笑）。
**たけし**　チョウは光っているものに弱いんだ。ハチとかいうのは背中を必ず紫外線に向けると言いますよね。夜、下から紫外線を当てると、ハチは仰向けになって飛ぶという。
**奥本**　トンボもそうですよ。箱に入れて心棒通して、そこにトンボを縛りつけておいて、下から光を当てるとくるっと回る。
**たけし**　そういう変な実験もいいですね。おいらも、こんな実験を見たことがある。こちら側に砂糖水を置いておいて、ハチの巣を向こうに置いておく。砂糖を見つけてハチが来るじゃないですか。そのハチを観察して、仲間にどうやって砂糖水の位置を教えるのかを調べている。面白いなと思いましたよ。
**奥本**　そういった昆虫の行動が、どうやって進化していくかは考えれば考えるほど面白いですね。ハチがイモムシに麻酔をしてから穴に埋めて幼虫のエサにするんですが、その幼虫がまたイモムシの生命に別状のないところから食べていくんです。そんなふうにどうやって進化したのか不思議でならない。だから、ファーブルは進化論を信じなかった。偶然が積み重なってそんなことできるわけない、初めからそうなっていたんじゃないかと考えていたんです。ただ、虫も例えば一遍、イモムシを捕まえてきて麻痺させて穴に埋めますよね。ハチの目の前でイモムシを取り出して、外にぽんと置くと、そのハチは一生懸命空いた穴を埋めようとするけど、外に出されているイモムシを穴に戻さない。一遍何か始まったら、前例のないことは決してしない。

**たけし**　役所みたいに融通がきかないわけだ（笑）。

**奥本**　最近は人間も虫みたいにどんどん融通がきかなくなってセンター試験というのがあるでしょう。あれは現場の職員がどう答案用紙を配ったらいいとか、自分で考えてはいけないんです。だから、われわれに配られるマニュアルが毎年毎年分厚くなっていく。「試験を受ける時はコートは着たままでも　結構です」とか読み上げるんです。アドリブを入れてはいけない。そうしたら、風邪引いた学生がいて鼻水が垂れてくるので、「ティッシュ使っていいでしょうか」と係の人に聞いたら、「本部に聞いてきます」って（笑）。

**たけし**　その間に鼻水が垂れるじゃないか（笑）。

**奥本**　つ、つーってね（笑）。受験生も自分で考えてはいけないし、教師も考えちゃいけない。試験問題も、その場で考えてちゃ間に合わない。記憶してきて、その通りの答えを選ぶだけ。人間がどんどんバカになっていくような気がしています。

**たけし**　人間が虫になっていくと言ったら、虫に失礼か。虫というのは、進化ということでいえば、この五十年とか、短い間に、急に変わることもあるんですか。

**奥本**　沖縄にもともとシロオビアゲハというチョウがいたんです。そこにベニモンアゲハというチョウが侵入してきた。シロオビアゲハのメスは、東南アジアの島々では、その島々にいるベニモンアゲハのメスの真似をして暮らしているんです。そして、沖縄にベニモンアゲハが侵入してしばらくすると、沖縄のシロオビアゲハがベニモンアゲハ型になったんです。

**たけし**　でも、どうしてシロオビアゲハはベニモンアゲハの真似をするんだろう。

**奥本**　それはベニモンアゲハが毒チョウだからです。だから、シロオビアゲハは、鳥に食べられないように、代々ベニモンアゲハの真似をしてきたんです。だけど、そのベニモンアゲハの本家が沖縄に来たからといって、すぐ真似しだすというのは不思議なんですよ。幼虫の頃から、ぱっと横目でベニモンアゲハを見て、ああいう奴になろうと思ったから、そうなったとしか考えられない。

**たけし**　子どもの頃から願っているわけだ。

**奥本**　これを「願望進化論」と名づけたんですが、われわれが子どもの時に進駐軍を見て、足が長くて背が高いと思ったでしょう。だんだん若いやつらがそうなってきたのは、日本人が進駐軍みたいになりたいと思ったからなってきたんじゃないのか。というと笑い話みたいだけど、とにかく、そうなりたいからなったとしか説明がつかないんです。

　また、南米大陸に毒のチョウがいて、それをそっくりに真似するチョウがいるんですね。でも、中南米の島のほうには、その島には本家の毒のチョウがいないのにもかかわらず、真似をしているチョウがいるんです。自分は何の真似をしているか分かっていない。それは意味ないと思うでしょう。ところがそうじゃないんだという。なぜならば、大陸から鳥が渡ってくる。鳥さえだませばいいんだと。

## こんな虫を採りたい

**たけし**　今、先生が一番採りたい虫というと。

**奥本**　例えば、あと半年とか三ヵ月の命と言われたら、インドネシアのセラム島というところへ行く。比較的近くまで車で行けるポイントがあるんですが、そこに大きな木があって、白い花が咲いている。そこで一日待っていると、トリバネアゲハの中で、一、二を争う豪華さのゴライアス・プロークスというでかいのが飛んでくる。それが一つですね。あと西アフリカのコートジボアールにハナムグリのでかいやつがいるんですが、あれを採りたい。その二つをやったら、もう死んでもいいかな。

**たけし**　そのチョウは、標本で見ることはできるんですか。

**奥本**　昔は大英博物館に幾つかあって、百万円、二百万円出しても、その標本は手に入らなかった。ところが、新産地が発見されてワッと採れるようになったんです。やっぱり生きているのを自分で採りたいじゃないですか。チョウの発生地に行くと、さまざまなチョウが飛んでいる谷間の中で、主役登場という感じで、そういうチョウがすうっと出てくる。絶対、網の届く範囲に来ない。自分の価値が分かっているんです。

**たけし**　おいらん道中みたいなもんですね。わたしゃ安くは売らないよって（笑）。

**奥本**　安いチョウはその辺に幾らでも飛んでいるんです。たけしさんが、「みんなで渡れば怖くない」とおっしゃったでしょう。そのままなの、安いチョウは。もうその辺に採ってちょうだいと言わんばかりに来るんです。

**たけし**　チョウを捕まえるための擬態の方法とか考えて、迷彩服でメスの格好で採るとかしないんですか（笑）。

**奥本**　アゲハの仲間は赤い捕虫網がいいんです。赤いツツジなんかに来るもの。でも、ギフチョウは青。

**たけし**　だけど、いい年したオヤジが、赤い捕虫網もって少年みたいな格好していたら、やっぱり〝裸の大将〟じゃないかって思われそう（笑）。

**奥本**　「千万人と雖（いえど）も我行かん」の心境ですよ（笑）。

（「新潮45」2004年2月号）

# トンボ採りのノウハウを今のガキに伝えたい

×阿川佐和子

**阿川佐和子**（あがわ・さわこ）
エッセイスト、小説家、インタビュア。東京生まれ。著書『ああ言えばこう食う』（講談社エッセイ賞）、『ウメ子』（坪田譲治文学賞）、『聞く力』。

**阿川**　奥本さんは、埼玉大学のフランス文学の教授であると同時に、昆虫好きとしても有名でいらっしゃる。私も小っちゃい頃、「虫愛づる姫」と呼ばれていたぐらいだったんです。

**奥本**　姫ね。スペインには「ヒメネス」なんて名前の人もいますね（笑）。ぼくはNPOアンリ・ファーブル会というのをつくって理事長をしているんですけれど、子どものための昆虫協会というのもやっているんですよ。

**阿川**　へえ。その昆虫協会では何をするんですか。

**奥本**　子どもに虫を捕らせ、標本を作らせる。あとは自分で。そこで見ていると、女の子の会員はすごく観察力が鋭くて、面倒見がいいから飼育も上手で、立派なチョウチョを羽化させたりして才能があるんですよ。男の子のほうは大雑把ですぐ死なせちゃったりするのがいるんだけど。でも、女の子は色気づいてくると、虫を見ると「キャー」って言う私が可愛いでしょって感じになっちゃうんですよ（笑）。

**阿川**　私、なんなかったな（笑）。だって、うちの男どもは虫見ると逃げるんですよ。実家でセミが大発生したときなんか、弟が怖がって「先に玄関まで行って」とか言うの。

**奥本**　唐揚げにして食わしゃいいんだよ（笑）。

**阿川**　アハハハハ。奥本さんたちの会の元になったアンリ・ファーブルさんがお書きになった『ファーブル昆虫記』は、日本では少年時代に読んでない子はいないぐらいのロングセラーですけど、本国のフランスの子どもたちは？

**奥本**　誰も知らない。

**阿川**　エエーッ⁉

**奥本**　というと語弊があるけど、知ってるのは南仏のインテリの大人、少数のフランス人だけ。今は向こうでもファーブルがかなり再評価されてますが、それには日本の影響もあるんですよ。

**阿川**　なんで⁈

**奥本**　だって、ファーブルの曾孫だって、日本に来るまで自分の曾祖父さんが有名な昆虫学者だって知らなかったんですから。

**阿川**　知らなかったの⁉

**奥本**　ヤン・ファーブルっていう絵描き。ビックのボールペンでシーツにグシャグシャっとラクガキするので評判になった人。来日したときに曾祖父ちゃんのことを知って。それで、虫のモチーフを描くようになったそうです。

**阿川**　日本アンリ・ファーブル会は何人ぐらい会員がいらっしゃるんですか。

**奥本**　百人ぐらいですけど、知り合いの昆虫好きは集めてあります。養老孟司さんと鳩山邦夫さん、村田製作所の村田泰隆社長とか、えらい人もいるよ。

**阿川**　何をなさる会なんですか。

**奥本**　一つは里山の復活。今、公園なんかを整備すると、犬を連れて入らないでください、動物や植物を採らないでくださいって言うでしょう。そうじゃなくて、子どもたちが思いっ切り昆虫採集してもかまわない公園をつくっているんです。

**阿川**　葉っぱなんかを切ってもいい。

**奥本**　全然、平気。

**阿川**　木登りしても怒られない。

**奥本**　ターザン小屋造っても虫を採集してもかまわない。

**阿川**　いいですねえ。どこにつくっていらっしゃるんですか。

**奥本**　栃木県の茂木(もてぎ)というところ。HONDAの土地でね、サーキットがあって爆音が迷惑にならないように、周りに三百万坪ぐらい持ってるから、そこを自由に虫の来る山にしていいって言うんですよ。

**阿川**　おおーっ、HONDAは偉い！

**奥本**　そこで落ち葉を塔みたいに高く積み上げてほっとくと、腐植土になってカブトムシのメスが来て卵を産みつける。それを掘り崩したら、一つの塔で五千匹の幼虫がいましたからね。それをいくつもつくったり。

**阿川**　へえ。

**奥本**　そこは日本のあちこちと同じように杉を植えっぱなしにしてたんです。でも、杉は鳥や虫にとって葉っぱもマズイし、おいしい実もならないから、生き物が寄って来ないんですよ。

**阿川**　そうなんですってね。

**奥本**　いっぱい密植しといた杉は間伐するはずだったんだけど……。

**阿川**　国産材が全然モノにならなくなったから、世話しなくなっちゃった。

**奥本**　それで、杉の林が窒息しかけて苦しいから、花粉をバーッと撒いてるわけですよ。

**阿川**　で、花粉症が増えちゃった。

**奥本**　だから、ぼくは偽善的に立ち回ろうと思ってるんです。虫を増やすために杉の林を伐って雑木林を増やそうと言っても誰も相手にしてくれないから、花粉症の人を救うために杉を間伐しようと（笑）。

**阿川**　深謀遠慮で（笑）。現段階ではどの辺まで進んでいるんですか。

**奥本**　毎年、ＨＯＮＤＡから少しずつ予算が出るんですけど、まだ始めて二、三年ですからね。去年は五千本ぐらい木を植えたけど、三百万坪もあるから人の通るところにチョコチョコになっちゃうんです。

**阿川**　いろんな種類の木を植えるんですか。

**奥本**　虫が好きな植物を。チョウによって食べる植物が決まっていて、たくさんのチョウが食べる樹種があるんです。エノキなんかがそうですね。

**阿川** あ、エノキが。

**奥本** 何でエノキっていうか知ってますか？

**阿川** 知りません。

**奥本** 鍬（くわ）なんかの柄（え）をつくる木だったから柄の木だそうです。そうすると、ケヤキが難しいんですけど（笑）。

**阿川** ケをつくる木って（笑）。

**奥本** エノキがあると、オオムラサキとか、大きくて緋縅（ひおどし）の鎧（よろい）のように立派な赤いヒオドシチョウとか、ゴマダラチョウ、テングチョウなんかが来る。そして、エノキが枯れてくると緑色と金色に光る玉虫が、もう五色の雲みたいにワンワンたかる。だから、エノキを植えようと。

**阿川** 他には……。

**奥本** 花の咲く植物。バタフライブッシュという別名があるぐらいチョウチョが好きなブッドレアなんかを百本くらい植えると、もうチョウチョがワンワン鈴なりになる。葉っぱを食べる幼虫の食餌植物と、成虫の吸蜜植物の両方を植えてやれば、チョウチョの佃煮ができるぐらい来ますよ（笑）。

**阿川** 食べたくないけど（笑）。

**奥本** 杉の林は虫も鳥も動物も来ないし、雨水がすべてを流しちゃって腐植土もできないし下草も生えないから、鳥の鳴き声も聞こえない「沈黙の森」サイレント・フォレストになっちゃうんですけど、そうやって山を整えていけば、すごい宝庫になる。山はわれわれが手を加えるのを待ってるんですよ。

**阿川**　誰が杉を間伐するんですか。

**奥本**　ＨＯＮＤＡには人手もあって、ジャーっとやるんですよ。

**阿川**　人手までくっついてくるんですか⁉　ステキ！

**奥本**　もう一ヵ所、長野県佐久市の三浦大助市長が共鳴してくださって、スキー場を百万坪ぐらい提供してくれるんですよ。で、市が予算を出して、日本一の博物館をつくろうと。まだ夢の段階ですけど。

**阿川**　すごいですねえ。私も林野庁に関わる仕事をしていまして。木を伐るのはいけないなんて考えは間違っている、間伐をしないと森は生き返らないことを知らしめようという円卓会議に参加しているんです。

**奥本**　日本人はすごく几帳面で神経質だし、木を伐る時のマナーみたいなのもあって、杉の木を伐ると玉伐りといって大きさをそろえて積み上げるから、ものすごく手間がかかるわけ。

**阿川**　どうしてそんなことを？

**奥本**　要するに植木屋さんみたいな美意識なんですよ。でも、山はもっと自然のものなんですね。たとえば杉の林の中でこの木を残すと決めたら、日当たりを考えて何メートルか距離を置いて途中を伐っちゃえばいい。伐った木はそこら辺にほったらかしておけば、勝手に雑木が生えてきて、植物の種も鳥が飛んできて、木も草も生えてくる。それで、自然に雑木林と立派な杉林ができていくという考え方よ。そういう手抜きの間伐をやればいいものを、一生懸命そろえようとするから大変なんです。

**阿川**　誰が日本中の山に杉を植えろと命令したんですか。

**奥本**　昭和二十五年ぐらいの農林省とか建設省の役人でしょ。戦後の復興のために建築材料をつくろうと。杉は早く育って、真っ直ぐで、いい材木になるから。

**阿川**　なるほど。

**奥本**　地主さんがどんどん杉を植えるために役所はどうすればいいですか。

**阿川**　助成金を出すとか。

**奥本**　そう、補助金を出したんです。それを目当てに山の上のほうの、土が浅くて杉が育つはずがないところまで植えちゃったんじゃないですかね。杉が育っても根が入っていけなくて、大きくなれずにぐいっと曲がった木になる。それでも、補助金はもらえるから。

**阿川**　ひどいなあ。

**奥本**　五十年ぐらい経って、そろそろ伐るはずのときになっても、密植で日当たりが悪い、鉛筆みたいな細い杉だから台風が来るとボキボキ折れちゃう。

**阿川**　で、鉄砲水がおこる。

**奥本**　広葉樹を植えれば保水力が強いから、雨が降ってもゆっくりゆっくり何ヵ月もかかって下まで流れて行く。でも、杉の林は保水力が弱いからザーッと流れて洪水になる。そうすると、河川を補強しなきゃいけないって、建設省かなんかがまた仕事するわけ。

**阿川**　川岸をコンクリートで固めて。

**奥本**　川底も含めて三面張りになっちゃった。だから、日本中の川は水洗便所になったんです。早く水を流す真っ直ぐの川に。

**阿川**　下水道みたいな川ばっかり。

**奥本**　それと同じことをやってるのが文科省で、子どもの頭の中で知識を流すだけになった。それがセンター試験なんです。

**阿川**　あ、そっちに行きますか。

**奥本**　センター試験が始まってから、ガタンと学力が落ちてきたんですよ。あれは言葉を書かせない、文章をつくらせないから。答えを塗りつぶしてコンピューターで採点する問題で、英作文の問題出せますか？　国語の作文も出せないでしょ。

**阿川**　採点が楽なんでしょうけど。

**奥本**　コンピューターさまが採点するために、ありとあらゆる問題をねじ曲げてもいるわけ。全部ひっかけなんですから。

**阿川**　クイズ番組みたいになってる。

**奥本**　そうそう。非常に断片的な知識だけが必要で、つまらんものだから、大学に入ったら全部忘れるの。

**阿川**　はい、全部忘れました（笑）。

**奥本**　反対に書かされたことで憶えてるものっていっぱいあるはずですよ。文章力って子どものときに泣きながら作文を書かされたりしたから培われたものじゃないですか。あるいは楽しみながら読んだ本。

**阿川**　今も泣きながら書いてます（笑）。この頃、軽井沢で書いてることも多いんですけど、あそこも昔に比べると虫が減ったような気がします。

**奥本**　減りましたね。日本の自然の力が衰えてて、これだけ植物があっていい環境に見えるのに、いるはずの生物がいない状況になってる。それは、土壌微生物とかの次元で地力が落ちているからじゃないですかね。昔の軽井沢とはもう違うと思いますよ。

**阿川**　やっぱり人間がいろんなことをしすぎたからでしょうね。

**奥本**　そうです。軽井沢は近所の山がカラマツ林になっていったでしょ。カラマツってどんな木だと思います？

**阿川**　えーっと。

**奥本**　あれ、何のために植えたんですか？

**阿川**　何でだろう。

**奥本**　カラマツの材木って見たことあります？　なんて、すぐ教師根性出して質問しちゃってね（笑）。

**阿川**　先生、スイマセン、分かりません（笑）。

**奥本**　植林したカラマツは早く育つのはいいんだけど、材質が軟らかくて、しかも樹脂だらけだから、建築材料にむかないんですよ。溝の中に打ち込む杭ぐらいしか使い道がないの。天然のカラマツの大きいやつはすごくいいんだけど。それなのに植えたのは、植えたという実績を稼ぐため。

**阿川**　カラマツ林ってステキだと思ってたけど違うのね。奥本さんのエッセイを読んで面白かったのは、ファーブルと同じフランス人が実は虫音痴なんだと。

**奥本**　ホントに虫音痴ですよ。アメリカ人もそうじゃない？　カブトムシとゴキブリの区別がつかないんですよ。

**阿川**　フランス人にセミの鳴き声はどんなふうに聞こえるのか興味が湧いて訊いてみたら、「うるさいだけだ」って言われたとか。

**奥本**　最初はぼくが何を言ってるのか意味も分かんないらしくてね。ずーっと考えて「そんなの言葉で表せない」って、すっごい困ってた。

**阿川**　考えたこともなかった。

**奥本**　パリの人間に「シガール」（セミ）って言ったって、何のことか分かんない。ロアール川から北は冬の地中温度がセミの幼虫が生きられるほど暖かくなくてパリにセミはいないから。イギリスにも小さいのが一種類しかいないし、しかも鳴かないから、イギリス人も知らない。

**阿川**　ヨーロッパ全体として、セミ以外の昆虫に対する関心は……。

**奥本**　ほとんどありませんね。その分、家畜のことなんかには詳しいけど。

**阿川**　日本人は何でこんなに虫が好きなんでしょうか。

**奥本**　いい虫がたくさんいたから自然と好きになったんだろうと思いますね。それから、日本人の目は接写レンズ的なんですよ。日本の根付けとか印籠（いんろう）なんかの工芸品とか、現代では半導体って非常に精巧なつくりですよね。それは手先が器用なんじゃなくて、養老孟司さん式に言えば目を通して脳が細かいものを認識するからつくれる。

**阿川**　ほお。

**奥本**　元を辿れば、子どものときにカブトムシ採りとかトンボ採りとかをして、虫と遊びながら細かく観察する目が養われているからできるんだと思うんです。西洋人はトンボが飛んでても全然見てないですもん。

**阿川**　じゃ、西洋人の目は。

**奥本**　広角レンズだと思うんです。庭がそうじゃないですか。左右対称につくってあって、真ん中に水盤があって、全体が見渡せれば細部にはこだわらない。でも、西洋文化の中心には神とか人種問題とか階級制度、暴力というようなテーマを持っている。

**阿川**　ほお、そうだったのか。

**奥本**　日本の俳句だとか短歌だとか、いろんな芸術を見ても、日本人の美意識は花鳥風月が基本になってるじゃないですか。それは、子どものときに虫と遊ぶ、大人になったら花見や紅葉狩りをする。そのときに詩歌をつくったりするのが芸術に発展していくわけ。花鳥風月の文明です。

**阿川**　そうかあ。

**奥本**　今、日本の子どもたちがどんどん自然から離れて行くと、細部を見る接写レンズの目も失って、しかも、西洋人ほどの広角レンズの目を持つこともできない。悲惨でしょ。

**阿川**　どちらの感性も育たない。

**奥本**　日本人らしい美意識もなくしちゃって、西洋人の作家みたいに中心テーマもないのに物真似だけすると、いわゆる純文学は貧相になりますよね。志賀直哉とか川端康成の世代の作家って、随筆にも必ず小動物が出てきたりしたでしょ。志賀直哉のヤモリをどこまでも追いかけて殺す描写ってすごいでしょ。

**阿川**　残酷だった……んだっけ。

**奥本**　阿川先生、これ読まれますかね。怖いよね（笑）。だけど、昔の作家は自然の細部をよく見てますよ。

**阿川**　日本の子どもたちは生まれた時からマンション住まいで、学校の校庭もコンクリートで、土や虫に触れる機会がどんどん少なくなってますよね。

**奥本**　日本のマンション暮らしは宇宙船の中の子どもですよね。やっぱり子どもは週末ぐらいは外で遊ばなくちゃダメ。でも、日本の公園は遊べる公園じゃないんですよね。ちゃんと「仕事」がしてあるでしょ。カラー舗装にしたり、遊動円木とかジャングルジムがあってさ。あんなのつくらなくていいんですよ。そこら辺に木が生えてて、勝手に枝折ったりしてもいいようにほっぽっとけばいいんです。

**阿川**　原っぱにしてくれりゃいいのにね。

**奥本**　東京からなくなったのは原っぱですね。原っぱみたいな公園つくって、犬と大人はお断りにしちゃえばいいんですね（笑）。

**阿川**　奥本さんは里山をつくったら、どうなさるんですか。

**奥本**　もちろん子どもたちを連れて行きます。今、子どもはテレビゲームに夢中ですけど、あんなもんばっかりやってたら虫採りも何も知らない子どもになっちゃう。ホントの生き物の感覚がある子どもは育たないですよね。だから、同級生が腹立つこと言ってムカついたから刺しちゃったっていう感じになってくると思うんです。

**阿川**　連れて行ったら……。

**奥本**　虫を採って飼ったり殺したりします。昆虫採集の仕方や標本のつくり方、本の調べ方を教えていく。そうすると、だんだん自分で文献を調べたり研究したりするようになっていく。これが科学の第一歩であると。

**阿川**　おおっ。

**奥本**　そのために、虫のおじさんを養成して、自分たちのノウハウを子どもに伝えるっていうこともやってるんですよ。大人も子どももどっちも嬉しいでしょ。

**阿川**　大人も知らないもんなあ。

**奥本**　今が最後のチャンスだと思ってるんです。団塊の世代の連中がトンボ採りをしたことのある最後の世代ですからね。それを今のガキに伝えたい。接写レンズ的な目を持たないと、これだけは確かという、自信を持てる〝不動点〟がなくなるんじゃないかと思っておりますので、まず子どもたちに虫採りをさせましょうと。それがアンリ・ファーブル会なんです。

**阿川** 素晴らしい！

**奥本** 実は、今、千駄木の家を壊して、ファーブル記念館をつくり始めているんです。

**阿川** ファーブル記念館？

**奥本** ぼくはお金一銭もないけど、いろんな人が寄付してくれるんです。ぼくの人徳で。ジントニック飲んでるから（笑）。一階にファーブル関係の展示を再現して、窓から外を見るとファーブルが虫を追いかけて育った谷間がずーっと見えるような騙し絵みたいにする。

**阿川** いいですねえ。

**奥本** 三階がアンリ・ファーブル会の事務所で、四階がぼくの研究室というか昼寝室（笑）。そして、地下一階は標本収蔵庫。

**阿川** 標本はどれぐらいあるんですか。

**奥本** たくさんあります。記念館を建てるために倉庫に預けたんですけど、三トントラック二台が三往復してもまだ運びきれなかった。倉庫代だけでも大変。

**阿川** お察しします。

**奥本** それに日本の団塊の世代が、強かった円を利用して買い集めたり、採集してきた標本が、大型美麗種に限ると、大英博物館のコレクションを凌ぐほどあるんですよ。これから、ぼくらも目は霞み手が震えて標本の管理ができなくなる予定だから（笑）、それを記念館で引き取ってあげようと思って。

**阿川** 自宅では管理しきれない。

**奥本** みんな狭い家に住んでいて、もう標本の収容先がないわけ。女房子どもの怨嗟の的ですからね（笑）。

**阿川** 奥本さんはどこにお住まいになるんですか。

**奥本** だから上野公園に青いテント張って（笑）。

**阿川** あら、虫におうちまで明け渡しちゃうんですか⁉ 記念館がオープンするのは……。

**奥本** 来年（二〇〇六）の三月です。延々と翻訳しつづけてきた『ファーブル昆虫記』の完訳版の第一回配本と同時。本はその後、隔月で全十巻出るんです。

**阿川** それも偉業ですよねえ。

**奥本** それに必死で、こんなに老衰して年取ったんじゃないかな（笑）。

**阿川** いえいえ、いつまでもお若いです（笑）。まだがんばって、第二、第三の奥本さんも育てなくちゃいけないし。

**奥本** そうそう。だから、ファーブル記念館ができたら、ぼくは切符切りして、見所のある子どもに「ちょっと、君、君」って。

**阿川** スカウトして。子どもたちが「あの髭のおじいちゃん、いつもいるんだよ」って。

**奥本** 「うるせえんだ、あのジジイ」（笑）。

**阿川** 「すぐクイズ出すんだぜ」（笑）。

**奥本**　「聞いてやりゃ、喜んで喋るんだよ。同じ話ばかりなんだけどさ」なんて（笑）。

**阿川**　いいなあ、それ。

**奥本**　明日死んでもどうってことはないんですけど。でも、里山の木がもうちょっと大きくなって、花にワーッとチョウチョが来てる光景を見てから死にたいですね。あと、二、三十年生きることにします（笑）。

一筆御礼

いつお会いしても奥本さんは物静かな風情。おっとり柔らかい大阪弁で、しかし発せられる言葉には、鋭いトゲとユーモアが絶妙に取り混ぜられ、つい笑わせられながら、奥に潜んだ瞳で細かく観察されているのを感じてドキドキいたします。その観察力と静けさは、やはり長年、小さな虫とおつき合いなさってきたゆえの習性でしょうか。私も子供の頃は虫を追いかけ、観察するのが大好きでした。ミノムシをミノから押し出すのに夢中になったり、シジミチョウ、キチョウに出会うとうれしいのに、蛾はどうして好きになれないのかと考えたり、カマキリのメスは本当にオスを食べるのか確かめようと一時間ほど睨み続けたり。長閑で大事な時間だったですなあ。虫を忘れた子供たちのためにも里山が全国各地に復活することを心から応援しております。

阿川佐和子

（「週刊文春」２００４年９月16日号）

## バッタ追いし、かの広っぱ

×田辺聖子

**田辺聖子**（たなべ・せいこ）

作家。大阪市生まれ。著書に『感情旅行（センチメンタル・ジャーニイ）』（芥川賞）、『花衣ぬぐやまつわる……』（女流文学賞）、『姥ざかり』『ひねくれ一茶』など。『田辺聖子全集』完結にいたる文学活動にて朝日賞。二〇〇八年、文化勲章受章。

## 訳には和風な味付けを

**奥本**　全集の完結、おめでとうございます。遅ればせながら、お祝い申し上げます。

**田辺**　ありがとうございます。わたしのほうは、ひと足先に完結させてもらいましたけれど、奥本先生のファーブル『完訳昆虫記』も今度の五巻でちょうど半分までこられたんですね。

**奥本**　翻訳自体は「すばる」での連載が八巻の途中までいっているんですが、単行本にするときにはあれこれ手を入れますので、どうしても時間がかかります。

**田辺**　ほんとに、長くて大変なお仕事ですね。でも、あの不思議な不思議な虫の生態というのは、何か小説を読むみたいな楽しさがあります。

あれは直訳というか、原文そのままの訳なんですか。先生は文章がお上手でいらっしゃるから、翻訳ということを忘れて、「えーっ」とか驚きながらすいすいと読んでしまう。科学的な本で、あんなにおもしろく読めるというのは珍しいですよね。

**奥本**　実は、多少意訳したようなところも少しあります。たとえば、「棚からぼたもち」というふうに訳しますと、校正の人が、フランスにぼたもちがあるのか、と疑問を入れてくるのですが、ぼたもちはありません。

**田辺**　はい。そういうお遊びというのか、分かりやすくかみ砕いてくださっているので、読み手としてはたいへん助かります。

**奥本**　少しでも面白く読み易くと、ガチガチの直訳ではなくて、少し加減して。

**田辺**　調節なさってる。

**奥本**　〝和風〟にしております。

**田辺**　やっぱり読者は、先生のにおいがあるご文章に惹かれて読むんだと思います。そうやって読んでいくと、なんとなく、虫もそれぞれが性質を持っているというのがよくわかる（笑）。虫だって、生存のためだけでなしに、どっちにしたらいいかとか迷うときあるんでしょうね。

**奥本**　そうです。〝遊び〟があるような。

**田辺**　それが、なにかわれわれ人間と同じような感覚で、いかにも意思があるかのように動いている気がして。それがおかしいですね。

初めから、こういうふうな日本語で訳していこうと思われていたんですか。

**奥本**　一番に考えたことは、耳で聞いたときに分かるということです。難しい漢字ばかりで字面をじっと睨んでもなかなか分からないというのじゃなくて、耳で聞いたときに一遍でわかるようにしようと、苦労してやっているつもりです。

**田辺**　ほんとに、読みやすい。

**奥本**　やはり、少し大和言葉を入れたほうが、分かりやすいような気がします。

**田辺**　難しいことをかみ砕いていわれているんですけど、それでいて品のいい文章になっている。魅入られて読んでしまいます。わたし、まだ全部は読み切れていませんけど、虫の世界をこんなに熱心に読んだのは、先生のご本が初めてです。こういう訳は初めてでしょう。

**奥本**　これまでにもいくつか訳が出ていますけれど、一番最初の大杉栄の訳はいいですね。

**田辺**　そうですか。

**奥本**　非常に名文ですね。田辺先生の『ゆめはるか吉屋信子』の中で、吉屋信子の一家が新潟県の新発田（しばた）に移ったときに、近所に〈大杉さんのぼっちゃん〉、つまり大杉栄が住んでいたと書かれていましたが、その後彼はアナーキズムを信奉するようになって、特高（特別高等警察）の尾行がついたりして始終監視されていたわけです。そうしたなかで、『昆虫記』を訳すのは憩いになったんだと思います。

**田辺**　大杉栄はそんなのしてたんですね。先生のご本で初めて勉強して、びっくりしました。あの人ってインテリなのね。

**奥本**　一回監獄に入るたびに外国語を一つ覚えてくる。「一犯一語」と言っていた（笑）。

**田辺**　しっかりしてますね。

## 虫たちの声に耳を澄ませる

**田辺** ファーブルという人はどんな生い立ちの人なんですか、あんなに虫に興味を持つというのは。

**奥本** 山の中で虫を見て、ひとりで物を考えて育った人です。

**田辺** じゃ、虫が友という感じで、虫のことを、ひとごとというか、全然形の違う別の生き物と思えなかったんでしょうね。うちのスヌーピーたちも、大中小とか、なかには、鼻の先っちょの黒いところをちょっとつけ間違えられたんかと思うような変な子もいて（笑）、それぞれに性格があるんですよ。だから、この子たちと、いつも朝から晩までしゃべっていても飽きないんですけど、きっとファーブルもそんなことがあったんでしょうね。

**奥本** でしょうね。虫に話しかけていたと思います。それからファーブルは、よく「実験して、虫に聞いてみよう」といいます。

**田辺** おそらく、虫が変な行動をしたら、「どうしたの。おまえ、何考えてんのや、えっ？」とか。

**奥本** 何遍も何遍も聞き直すんです。

**田辺** それで、じーっと観察していて、ちがう行動すると、「あっ、そうか。それがしたかったのか」なんてひとり言をいっていたでしょうね。

**奥本** そうでしょう、そうでしょう。

**田辺** だから、虫の行動を書いた文章からも、ファーブル先生が興奮したりしている雰囲気が感じられる。でも、それもやはり奥本先生のご文章のせいだと思います。やわらかくて行き届いていて、「えっ、えっ?」とこっちがかすかに感じた疑問に、「というのは……」と、ちゃんとした解説が後に続く。

いままでわたしたちが与えられていた理科の本というのは、めしべとおしべがこうなって……という説明だけで、「なんで、なんで?」と子どもたちが疑問に思っても、それを捨てて先へ先へと新しいとこへいってしまう。そこをゆっくり、じっくり遠回りして、読者の興味と好奇心を引っ張りながら、別の場面へ連れていってくれる。自然科学の本でそういうことができるということを、奥本先生のご本で初めて教わりました。

**奥本**　科学者は難解さを競うところがありますからね。難しいほど格好いい、「どうだ、オレ頭いいだろう」という感じの文章ってよくあります。

**田辺**　いままでは、興味と好奇心をあまり発動しない人がそういうのを扱っていらしたんじゃないですか。先生の文章の素晴らしさは、まずもって人間に対して興味がおありになるからだと思います。その上で、虫たちの声なき声に耳を澄ましてはる。

**奥本**　それはファーブルがほんとうに虫たちの声に耳を澄ましているからなんです。アリの歩いているところ、イモムシの葉っぱを食べているところ、みんなそれを感じますね。

**田辺**　橘曙覧（たちばなあけみ）の歌でしたっけ。「蟻（あり）と蟻　うなづきあひて何か事ありげに走る　西へ東へ」。あれはいえてるな（笑）。アリって、何か相談していますもんね。

**奥本**　「突きあたり　何か囁き　蟻わかれ」というのが『誹風柳多留（やなぎだる）』にあります。あれはほんとうに相談しているんです。フェロモンで会話していますから。

**田辺** そうなんですか。何か捜し物でもしているのかと思って。「あったかい?」「あらへん」というてるか思った。何で大阪弁になるんやろ（笑）。

**奥本** 「あっちにあったデ。跡つけといたさかい早よ、行ってや」と（笑）。

**田辺** そういうのがおもしろいですね。

**奥本** フェロモンは、わずか〇・三三ミリリットルで地球一周分以上の道しるべになる。それが彼らの言葉なんです。

**田辺** 同じ種類だったら、どんなアリとでも分かりますの?

**奥本** 同じ巣のアリ同士も分かります。そこに別の巣のアリが行くと、もうえらいことになります。殺されます。

**田辺** 人間は言葉が違っても、その国の言葉を習得すれば意思は疎通できるから、まだましですね。

**奥本** 習得して意思疎通しているつもりで、実は通じてないこともありますけどね。

**田辺** そうですか。

**奥本** 夫婦も（笑）。

**田辺** 先生でもお分かりにならない世界はまだいっぱいあります?

**奥本** そればっかりです、もう毎日毎日。

**田辺** ご本を読んでいると、もう全部分かっていられるかのように思いますけれど。

**奥本**　それは、はったりですね。

**田辺**　はったりか（笑）。

**奥本**　そこで感心しないでください（笑）。

はったりで思い出しましたけれど、今度、パリの日本人詐欺師が主人公の小説を書いたんです。『パリの詐欺師たち』と言います。

**田辺**　それは人間の？

**奥本**　はい、人間のほうです（笑）。

いろいろな人物をもとにして書いたんですが、昔からパリにはあることないこと言ったり、書いたりする人がいたでしょう。知らん思て（笑）中には、ほんとに言い抜けの上手なのがいまして、するりするりと、うそをついていく。そのあまりのすばらしい才能に、小説に書く気になったんです。

**田辺**　その人は小説家とちがいますか（笑）。小説家って言い抜けがうまいから、一編の小説で、「何でこないなります？」「いや、それはやな」とかいって、そこから話がまた一つ出てくるとか。

**奥本**　その男いわく、フランスの三つ星レストランのアラン・デュカスも、タイユヴァンの親子も、それからサンドランスも全部友達だから、一緒にそこの厨房へ入って、みんなで楽しくやろうと。それで、フランスに着いた途端に、「アラン・デュカスはいまニューヨークだし、タイユヴァンのおやじはもう最近店に出ていないみたいだし、それから、サンドランスは遠過ぎるからやめようよ」という。

実を言うと、彼はフランス料理のメニューが読めないんです。そのくせぼくに料理を教えてやるといって、パリまで一緒に行ったんです。店でメニューが来たら黙ってる。ぼくが翻訳して聞かせますと、「では、ご説明しましょう」というんです（笑）。大したもんでしょう。

**田辺**　おもしろいですね、それ。

**奥本**　本ができましたら、ごらんに入れます。

## 百歳までの人生設計

**奥本**　子どものころ、虫はお好きでしたか。

**田辺**　いや、虫は怖かったですよ。家の近所の電車道を渡ると向かい側にうどん屋があって、その横の路地をずっと行くと、紡績工場があるんです。その前に、広い広い広っぱがあって、広っぱの真ん中に木が一本立っていたかな。そのほかは全部草ぼうぼうの広っぱ。

男の子は野球するし、女の子はままごとするしで、うんと遊びました。戦争中は高射砲陣地になって、もう子どもたちは入れなくなりましたけど、平和なときには、その町の真ん中にある広っぱには、バッタなり何なりいろんな虫がいましたね。

**奥本**　この前、ある雑誌で「東京からなくなったもの」というアンケートが来たんですけど、映画館とか喫茶店とかみんないうんだろうなと思って返事を出さなかったんですけど、考えてみると、大都会からなくなったのは広っぱですね。

田辺　広っぱ、ないですね。

奥本　土管を転がしてあったり、ちょっとした木があって、ターザン小屋に見立てたりとか。

田辺　わたしらは怖いから見なかったけど、男の子らは虫とりに夢中になるでしょう。それで、一本ずつ足を抜いたりして。女の子はさすがに足を抜くという子は、よっぽどちっちゃい子やったらやるかもしれないけど、男の子は、喜んでというか……。

奥本　一本ずつ足をもいでいくと、全然動けなくなりますからね。バッタがいたでしょう？

田辺　バッタがいじめられやすいの。目につくし、存在感がある。何せ飛びますから、男の子も走っていって必死に捕まえようとして、「どうしてもとってやろう」となるのね。

　でも、みんなチョウチョも捕虫網で追いかけていたけど、チョウチョって何か捕えにくかったですね。

奥本　ぼくらの時代、初めは駄菓子屋の丸い、〝トンボタマ〟なんていっていたんですけど、あれで魚もすくい、チョウチョもトンボも捕っていました。

田辺　先生は、バッタをむいて解剖なんかなさらなかったでしょう。

奥本　はらわたを出して、綿を詰めて、ホルマリンで拭いて、標本にしました（笑）。

田辺　町っ子は、「うさぎ追いし」やなくて「バッタ追いし」ですね。

　ところでファーブル先生は、長生きだったと聞きましたけど。

奥本　『昆虫記』を出し始めたのが五十五歳で、完成したのが八十三歳。さらに九十一歳まで元気にしていました。

**田辺**　まあ、偉い人ね。
**奥本**　六十で再婚しています。
**田辺**　あら、お手本にせな、あかん人ね。
**奥本**　子どもも何人も生まれて。
**田辺**　ほんとう。幸せな人だったんですね。
**奥本**　幸せというか、体は丈夫ですね。お父さんも九十三まで生きています。ぜいたくなものを食べずに、粗食だったのがよかったんじゃないでしょうか。
**田辺**　わたし、それ、あかんわ。ぜいたくなもん好き（笑）。でも、うちの母は百まで生きているんですよ。曾祖母でも九十何ぼやし。
**奥本**　ご長寿の家系なんですね。
**田辺**　そうかもしれません。ちょっといろいろ、このごろ考えを改めて、百になっても生きられるような人生を考えとかな、いかんな、と。いま、「後なし、先なし」という言葉が好きなんです。それまでは、何をやったって、どうせすぐ死ぬからと思っていたんですけど、このごろ、ちょっと考えが変わってきて、百まで通用する人生観を持たんことには恥かくでと思うようになってきて……。
**奥本**　しかし、最近、九十歳の方がざらですね。新聞を見ていても、強盗が入って九十四歳のおじいさんをたたいたとか、たくさんありますものね。
　ぼくも、このまま年とって衰えて死ぬのがいいかなと思っていたんですけど、もう一回やり直そうという気持ちもありまして、そしたら去年、子どもができました。

**田辺** ほんとう。えーっ、おめでとうございます。

**奥本** 双子なんです。

**田辺** お坊ちゃん？

**奥本** はい。それで、こっちの髪の毛が薄くなると、子どもの頭の毛が濃くなってきて、こっちの歯が抜けると、向こうの歯が生えてきて、トータルで帳尻が合っている（笑）。

**田辺** そうでしたか。じゃあ、奥本先生も百歳までの人生設計を考えられないと。

**奥本** そうですね。少なくともあと二十年は頑張って、山に木を植えて……なんて考えております。

（「青春と読書」２００７年８月号）

## 失われた絶対生物感覚を求めて

×長谷川眞理子

**長谷川眞理子**（はせがわ・まりこ）
行動生態学者。東京生まれ。ニホンザル、チンパンジー、ダマジカ、野生ヒツジなど、大型動物の行動と生態を研究。著書に『動物の生存戦略』『ダーウィンの足跡を訪ねて』『進化生物学への道』『ヒトはなぜ病気になるのか』。

## 本と虫とは家の邪魔

**奥本**　今日は、風邪引いて朝から、薬飲んで布団かぶって寝込んでいたんです。うつらうつらして、目が醒めたところでフッと本を開く。平凡社の本で、磯野直秀著『日本博物誌年表』というものです。これ二万五〇〇〇円。

**長谷川**　ウワッー！　二万五〇〇〇円。

**奥本**　「マキシモビッチとその採集人須川長之助横浜を離れて長崎へ向かう」とか、どこを開いても面白いことがいろいろ書いてあるんですよ。ちょっと重いけど持ってきました。

**長谷川**　いろいろな資料を全部編纂なさって年表に……。これ磯野先生がお一人でおやりになったの？

**奥本**　明治二十四年に白井光太郎、昭和四十八年に上野益三先生の本がありますけれども、あれを基礎において書いているんですね。古代から幕末までの博物誌関連の資料を、十数年にわたって新規調査した。博物学を中心にした稀代の基本図書、というわけです。これ考えたら安いですよ。これの古い資料漁ったら何千万あったたって足りないわけですから。

**長谷川**　でも、今図鑑が売れなかったりするでしょう。図鑑の保育社が倒産したり……。

**奥本**　平凡社はこれを一〇〇〇部刷るか、二五〇〇部刷るかで悩んだんですって。結局、初版一〇〇〇部にした。貴重な労作ですが、二五〇〇部も売れるとは思えなかったんですね。

こういう仕事は報われないと思う。ですからね、日本にたとえば三〇〇〇くらいの図書館があって、いい本は全部買うという基本方針があるとね、こういう本、助かるんですよ。

**長谷川**　図書館は流行っているベストセラー小説みたいなのばっかり二十冊並べるとか……。

**奥本**　図書館もお役所ですから、稼働率でうごいています。本当に、学生も本買わなくなったでしょう。

**長谷川**　買わない、読まない、いくら推薦しても読まない。

**奥本**　「その本レポートになるんですか」、「宿題になるんですか」って聞くんですよね。それでレポートにするというと、「先生貸して下さい。コピーします」ってくるんだから、いい度胸してますよ（笑）。

**長谷川**　教科書だって買わないんだから。

**奥本**　『博物学の巨人アンリ・ファーブル』という集英社新書のちっちゃいぼくの本ね、この間買わせたんですよ。わーっ、こんな字ばかりの高い本買ったことはないって、いや本当、殺意覚えますよ（笑）。

**長谷川**　絞め殺してやりたい（笑）。

**奥本**　本なんて、親の仇みたいなものなんですね。新しい今どきのマンションは、きれいに片付いているでしょう。本はないし、虫なんかいたら大騒ぎでしょう。そういう時代になったんですよ。虫が出たらマンションの値段が下がります。本と虫とは家の邪魔（笑）。

## 人間が生き物だと理解できない

**長谷川**　今日私は、一限、二限、四限の授業をやってきたんです。
**奥本**　それは重労働でしたね。一般教養の？
**長谷川**　ええ、私は全部一般教養。二七〇人の学生相手に。
**奥本**　えーっ。中には単位ほしいだけのもいるでしょう。でも、今はぺちゃくちゃおしゃべりはしない、みんな一生懸命手を動かして、静かに携帯のメールで話す。
**長谷川**　そうですね。でも、前の方に座っている三分の一というのは、すごく面白い子がいて、そのためにやっております。
**奥本**　昔、早稲田の生物は高島春雄先生がおられて、一般教養の生物が非常に面白かったそうです。いつも風呂敷持って、女みたいな物腰の方でね。その高島さんが古川春夫さんと二人で書いた『南の生物』って本が、子ども向けなんですけれども、サソリとかマンネンヒツヤスデとかをちゃんと説明したもので、滅多にない本だったんですね。東南アジア中心の生物についてああいうゲジゲジ、サソリの類まで書いた本って、あれ一冊だったと思うんですね。

**長谷川**　私も、もっと面白い授業をしないといけないですね。私の学生は政経学部なので、本当に生物など全然知らない。そういう学生が生き物とか、生物学というものの知識を全く持たずに世の中に出ていかないように、教えているんですよね。これからは遺伝子とかいろいろ社会的な影響のあることがあるから。

**奥本**　法律、経済やって偉くなる人とか、工学やって偉くなる人みんなにお願いしたいことですね。たとえば、ゴルフ場造成するんでも、たんぼの圃場整備するのでもね、生物は全く無視されるでしょう。工学部の人は工学的見地からだけ。小川が全部U字溝っていう、ただ水を効率的に流す水洗便所になっちゃうんですよね（笑）。

**長谷川**　自然保護とか、頭では分かっていても、本当に生き物を実感したことがない人たちだから。

**奥本**　そう、本当に子どもの時に自然の中で遊んだことのない人は困ります。

**長谷川**　あの感覚は教えようがないんですけれどもね。

**奥本**　それはもう生活全部ですから。それと、拒否反応があるんです、今や生物には女子学生なんか、虫って聞いただけで、キャアキャア……男子学生だってそうでしょう。一八〇センチ超えるような立派な男の学生が、教室に蛾が入っただけでキャアキャア。

**長谷川**　本当に法学とか政治経済の学生の中には、人間を生物と思っていない人もいます。人類学を私は教えていますけれど、人間は生き物だっていうところから出発して話をするでしょう。たとえばオスとメスとでは、オスのほうが死にやすいじゃない。何をするにしても。

テストステロンなぞ性ホルモンの働きによって、とにかく哺乳類のオスは死にやすくできているって話をする。だからやっぱり人間の男性もそうだっていうと、なんで人間が他の生き物と同じなんだか分からないって言うんですね。哺乳類に当てはまることが、どうして人間にも当てはまるのか分からないって。だって、あなただって哺乳類でしょうって言っても……。

**奥本** ハハハ。人もチンパンジーとDNAが九八パーセント同じっていうんだから、当たり前じゃないですかね。

**長谷川** せめて認知能力が違うとか、言葉を持っている、だから人間は違うっていう発想をするならまだしもです。体の造りとかそういうレベルでも、なんで人間は他の動物と同じだか分かんないって言う人がいますからね。

**奥本** ダーウィン以前。人間っていうのを、紙に書いた書割みたいに思っているんでしょうね。最近のトレンディドラマの美男美女っていうのが、アニメの主人公の顔みたいにのっぺりしてきたようなもので……。

**長谷川** そうそう、生き物って感じがしないんだ、きっと。

**奥本** そして、その生き物的要素がダサイと思っているんですよ。

## 虫嫌い女性の意味深い戦略

**長谷川** でも、今の女の子みたいな異様な虫嫌いっていうのは女自身も分かっていると思いますよ。虫を見てキャアキャア言えば、男に守ってもらえて、かわいいんだろうって……。

**奥本**　そのキャアキャア言っている女のウソを見抜くのも女で、その女の目はこれまた厳しいですよね。

**長谷川**　そうですね。キャアキャア言う女にだまされてる男ってかわいいなと思っちゃう。

**奥本**　男は〝バーカ〟なんだ。「あら、カマボコってオトトだったのね」っていう奴に惚れたりする（笑）。

**長谷川**　多摩動物園に昆虫館ってありますでしょう。

**奥本**　あります。矢島稔さんがやっておられた。

**長谷川**　そこでちょっと、人と待ち合わせをして、一時間くらい立っていたことがあるんです。そうしたら来るカップル、来るカップルみんな言うことといったら、キャア、気持ち悪いでおしまい。

**奥本**　そして、葛西に水族館ができたでしょう。あそこに行くと女の子が言うんだね。「キャア、おいしそう」。寿司屋に来たんじゃねえってんだ。

**長谷川**　気持ち悪がるか、食べるか、どっちか。でもそう言いながら女の子って、自分に利益をもたらすためにその時どのように振舞ったらいいかって、ものすごい敏感なんです。

**奥本**　そう誰についたらいいか。権力者につく女というのがありますね。そのあたりはメスザルと同じじゃないですか。

**長谷川**　そうとも言えないのね。私が今一番おもしろいと思っているのが、オスとメスの間の葛藤です。霊長類など多くの動物には、オスどうしの間に順位序列がありますね。そして順位の高いオスは、順位の低いオスの行動を制限することができます。たとえば、メスを独占して順位の低いオスには交尾させないとか。そこでオスたちは高い順位を獲得するためにオスどうしで闘います。でも、メスは、かならずしもそういう順位の高いオスが好きなわけではないんです。そこで、見えないところで、順位の低い若いオスと交尾したりします。

**奥本**　だから、やっぱりメスザルと同じなんですよ。女に対する男の魅力にも、権力の発する魅力と若さから来る性的魅力とがある。そういう女性というのを、男が大事にして、ちゃんと理解しなければダメなんですよ。結局そうやって母親になるのですからね。その母親が息子なり娘なりに対してインプットする仕方、教育の仕方とか、本当にすごいもんですよね。朝から晩までギャンギャン言うんだから。いや、自分だって女性に育てられたわけですからね。崇め奉り（笑）。

**長谷川**　その大事にしなきゃっていうのは、パターナリステックに大事にしなきゃじゃなくて……。

**奥本**　大事にするというか、よく理解する。その保身術をね。そして逆をとればいい（笑）。女性は時に直観で恐ろしいことを言う。女性のあの発想というのは、男をハッとさせるんですよね。非常にストレートでしょう。

**長谷川**　うふふ。

**奥本**　男はやっぱり伝統にとらわれたり、周りに気を遣ったりだけど、女の人、それから子どもなんかそれこそ、王様は裸だ、みたいなことスパっと言うじゃないですか。特に十代の巫女（みこ）みたいな感性の神がかりの時ね。あのオルペウスを引き裂いた巫女たち、あるいはローリングストーンズやビートルズに——古いなァ（笑）——群がった女の子たちね。あれは一種の天才ですよ、集団のあのすごい感覚、男にはありませんね。

**長谷川**　やっぱり男の人は権力構造みたいな中で自分を維持しないといけないというのが、どっかにいつもあるんじゃないかしら。

**奥本**　妙な常識ですね。柳田国男の言っている「妹の力」。あれはまさに女性の神がかり的な、超能力ではないですか。感覚の鋭さ、それは非常に動物的なもんです。

**長谷川**　直観。私ものすごく自分の第六感というか、直観に頼ってますね。当たっているんです。男の人が、大学の中の権力構造とか考えて、ああだこうだと言ってますけど、私は全然そんなプロセスを経ないで、直観的にダメって言う。結局男の人たちが何か月か議論してやっぱりあれは悪かったたっていうことになったりするんですよ。

**奥本**　だから、それはわれわれ男の偏狭さですね。女性を大事にというのはそこだと思う。愉快に人生を送りたかったら女性を理解せよ（笑）。

**昆虫少年、昆虫少女**

**長谷川**　あの、私は前から、奥本先生に聞きたかったことがあるんです。カブトムシって特別な魅力がありますか？　他の動物に較べて、あのツルツルっていうね。

**奥本**　ありますね、うん。

**長谷川**　そうですよねえ、特別な魅力がありますよね？　あの感覚、いわゆる昆虫少年とか昔言われていた人たちの持っていた感覚、昆虫少年も減っているんでしょう？

**奥本**　減っています。

**長谷川**　あの昆虫っていう特別なものに、ぞくぞく感じる人たち。やっぱり小さい頃から昆虫を見ないとダメなのかしら。

**奥本**　そうですね。本当に小さい時から見ないとダメです。ある年齢で感受性の回路が閉じる。

**長谷川**　小さい時から見ていると、あれって本当に特別の魅力がありますよね。特にカブトムシは素晴らしい。

**奥本**　あの小さな虫。整列して標本箱の中に並んでいるときの美しさとか、安っぽく言うとプラモデルに通じるようなところもあります。

**長谷川**　悪く言うと、ただのコレクターになるけど、だけど、すごい魅力ですよね。あの感覚がね、本当に分かってもらえない。

**奥本**　そうそう、それと、そういう感覚で喜んで昆虫を集めることをいけないこととするのが最近までよくあったんですね。「野鳥の餌を捕るな！」という野鳥の会とか、それに同調する朝日新聞なんか、それですよ。捕りたがるからいけない。殺すな、触るな、観察しましょうという偽善です。

**長谷川**　そう、子どもたちに昆虫や鳥を捕りたがらせてはいけないとかね。

**奥本**　遠くから観察しましょうって言うわけです。遠くから観察したって、虫のことはなにも分かりませんよ。捕まえて、顕微鏡で拡大して見るくらいでないと。

**長谷川**　みんなが捕って、足をむしったりしたら、昆虫がいなくなるって思うのかしら。難しいのは難しいですけどね。今、本当に昆虫がいなくなってるから。

**奥本**　虫の場合は、環境さえ壊さなければ、子どもが少々捕るくらいでは、何ともないんですよ。すぐ回復します。繁殖力が違う。哺乳類、鳥類、爬虫類と違いますから。中西悟堂の時代は鳥も飼ってます。自然が今と違う。

**長谷川**　私は昆虫少女というほど捕りまくりはしなかったんです。でも昆虫図鑑を見て、自分の手で捕まえたいと思った。私の小さい頃は、まだいろんな所に大きな緑色の玉虫などがいて、自分で捕るとかできましたから。

**奥本**　虫屋の世界は大体、スタッグ・パーティーっていうか、女の人は入れない。「女は乗せない戦車隊」って言いましたね（笑）。で、お父さんが昆虫好きで男の子が生まれなくて、しょうがなくて娘にっていうような場合は、すこし大事に虫を教えたりするんです。アメリカのバタフライ・ソサエティーなんてのは、結構女性の会員がいるんですけど、日本は少ないんです。

**長谷川**　とても少ないですよね。私もいわゆる昆虫少年っていう人たちが集まって、なんかやっているところに一緒にはいなかったんですけども。でも、父が私の帽子で、オニヤンマを捕ってくれたとか、いろいろ昆虫の思い出があって、なにより図鑑を見るのが小さい頃から大好きでした。図鑑で見たあの素晴らしい昆虫たち。

**生き物好きは「南」**

**奥本**　ぼくなんか、小学校五年生の時に平山修次郎の図鑑、上下二冊『原色千種昆蟲圖譜』（三省堂・昭和八年）っていうのあったんですけど、それに台湾の虫が出てくるんです。台湾の昆虫の、まあ種類が豊富できれいでね。立派な虫っていうとみんな「台湾ニ産スレドモ、キワメテ稀ナリ」なんて書いてあるんです。うーん、いいなあと思ったんですね。

南に行くと昆虫も色彩が華やかになって、大きくなるんです。それこそベルグマンの法則の反対だと思うんですね。哺乳類は北へ行くと大きくなるんでしょう。

**長谷川**　大きくなります。

**奥本**　体表面積の関係ですね。

**長谷川**　あれはやっぱり温血動物だから。

**奥本**　昆虫は南へ行くと大きくって、華やかで、植物の種類も多いから、種類が非常に多様なんですよ。だから常に、南方憧憬が子どもの時からありましたよ。

**長谷川**　私もありました。図鑑でモルフォチョウとか、ゴライアスオオツノコガネ、あれは素晴らしい、あれは是非自分で手に取りたいとずっと思っておりました。

**奥本**　昭和三十年代に初めて標本商のカタログでゴライアスオオツノハナムグリを見た時は、

その当時の大学出のサラリーマンの初任給の倍ぐらいの値段が付いていた。だけど、お金さえ出したら買えるようになったのかと思って、感動しましたね。

だから、われわれの南方憧憬というのは、戦前から続いているわけです。たとえは、少年冒険小説の南洋一郎なんて作家の名前は、本当に南進論そのものですよね。昭和十七年ぐらいに東南アジア探検、南方探検の本がいっぱい出ています。やっと日本が本当の帝国主義に目覚めたころですね。

**長谷川**　ああ、そうですね。

**奥本**　戦争やって領土を取ったら、その後領土を経営しなければならないっていうことに、普通の役人や軍部の人がやっと気が付いた。

それで、どうしたかっていうと、イギリス人なんかの書いたものを、一生懸命翻訳している。それが昭和十七年にどっと出るんです。ウォレスの本、『マレー諸島』とか。

**長谷川**　南方憧憬の最初は戦争中ですか。

**奥本**　もちろん、もっと古くは、南ではなく、「狭い日本にゃ住み飽きた、赤い夕陽の満州で」っていう大陸浪人、馬賊っていう大陸憧憬時代もありますけど。生き物好きは南ですね。

**長谷川**　昆虫もですけど鳥が熱帯は素晴らしいですね。温帯、寒帯でもきれいな鳥はいますが、熱帯のはすごい、もう信じ難いような鳥がいますね。

**奥本**　金属光沢、あれはたいてい南です。

**長谷川**　南ですよね。で、大きくてすごい。羽飾りが本当に嘘みたいな……。

**奥本**　極楽鳥とかね。小さくてもハチドリとかね。みんな南なんですよ。巨大なのではフィリピンの猿食い鷲とかね。

**長谷川**　憧れていました。もう小学校の時から憧れていました。その憧れって消えませんでしたね、ずーっと。

**奥本**　でも女性でそういう人って珍しいでしょう。たいていはスイスなんか。チョコレートの箱みたいな風景が好きでした。女性は東南アジアっていうと、あんな汚い所嫌だって言う人多かったですよ。最近タイやヴェトナムなんかに学生が行ったりしますけど、彼らにとってあれは、南じゃなくてトロピカルなんですね。トロピカル、コロニアル、エスニックかな。西洋人の目を通して見た南、単なるリゾート地なんじゃないかという気がするんです。少なくとも生物は景色でしかない。

**長谷川**　そうですね。実際には蚊もいるし、ゴキブリもいたりするけど、そうじゃなくて、綺麗なプチホテルとかに泊まるわけですから。

**奥本**　それで黒い人が、かしずいてくれて、あたかも西洋人になったみたいに、とても料理がおいしいとか、雑誌情報の延長でしょう。現実感はあまりないですね。

**長谷川**　私がどうしてもアフリカに行きたかったのは、やっぱり小さい時から、そういう図鑑で見た南の素晴らしい生き物たちを、一度絶対この目で見たいと思ったからなんです。

**奥本**　ぼくもまだ見ていない所がいろいろあって、まだ死ねないなと思っているんですけどね。

**長谷川**　私は、南米行ってないから死ねないですよ。
**奥本**　南米は一回だけアマゾンに行きました。あそこはいいですねえ。
**長谷川**　わー、素敵。素晴らしいでしょう。ベイツが憧れて行って、どんなに病気になっても素曜らしいと言った。
**奥本**　そりゃ天気の悪い、虫の少ないイギリスから行ったらね。
**長谷川**　そう、もう天国。

## 南のイメージはアフリカか南米か

**奥本**　日本人には、南というとやっぱりアフリカ。ターザン映画のイメージがあるんですよね。あれもやはり西洋人の目を通して見たアフリカですね。日本人にとって「アフリカに行きたしと思へど、アフリカはあまりに遠し」だった。南米はブラジルに移民したけど。アフリカは東や南なんか乾燥地でしょ。で、南米のブラジルは湿潤の地、すごい湿度の土地なんです。
**長谷川**　本当の熱帯降雨林っていうのは、南米の方が素晴らしいですね。
**奥本**　そうですね。日本人のアフリカっていうのは、大体ケニアの方です。あとは西アフリカですけど、西アフリカはフランス語圏、フランスの植民地圏だから情報は日本にも、非常に少ないですね。
**長谷川**　ターザン映画だって、アフリカなのに南米にいるキャプチンモンキーっていうのが、一緒に出てきたり、すごいおかしいんですよ、細かく見ると。

**奥本**　南洋一郎にとっては、何でもありだったんです。アフリカにオランウータンが出てくるし、南米の動物も出てくる。

**長谷川**　そう。アフリカと南米と東南アジアが全部混ざって、とにかくジャングルの中にいれば、それが南というものだった（笑）。

**奥本**　ところが西洋人の見たアフリカっていうのは、日本人のようなものではなく、まず金になるかどうかで見ているんです。ダイアモンド、象牙、金、銅です。それから、労働力、奴隷ですね。

**長谷川**　あのザイール、コンゴのベルギーやフランスの経営、あのあこぎさ、あれは無いですね。そこまでやるかっていう感じです。

**奥本**　彼らはアフリカの人を人間と思っていなかったからでしょう。あそこまで日本人にはできない。西洋人には怖い、恐ろしいところがありますよ。そういう点では、西洋人はアフリカ人に謝罪しなくていいんですかね（笑）。

**長谷川**　コロンブスもそうですけれど、彼らが初めて聖書に載っていないタイプの人間、現地人に会いますでしょう。その時に、これは人間だろうかって本気で議論するじゃないですか。ああいう感覚は分からない。東洋人だったら、変わった人がいるとか、全然違った人がいてバカにするかもしれない。差別するかもしれないけれど、まじめな顔をして「これは人間だろうか」と議論はしないと思うんですよね。

## 博物というものに対する考え方

**長谷川**　私、岩波の「図書」に連載しているエッセイに、「南への憧れ」というのを書いたんです。サマセット・モームの短編の中に南太平洋を扱った作品があって、その中に、イギリス海軍が作った海図が出てくる。それは一つの岩も一つの珊瑚も残さずにみんな書いてある海図です。そういう海図があったので、南の海のあらゆるところにイギリス海軍が行けるようになった。そういう海図がロンドンではちゃんと蓄積されてあったというのです。これを読んでイギリス人のこういう感覚もすごい……。

**奥本**　イギリス人には、それがあるんですよ。そういう博物っていう考え方では、イギリス人が群を抜いている。

**長谷川**　すごいですね、あの執念。

**奥本**　でも、フランス人はまた違うんですね。これを美的に楽しむっていうのが、フランス人。大英博物館の展示と、パリの自然史博物館の展示は全然違う。

**長谷川**　全く違います。

**奥本**　たとえば、ソライロコガネっていう青くてちっちゃなコガネムシが南フランスにいるんですが、それを不整形のボール紙の上に貼り付けてある。その形がまるでアンリ・マチスなんです。標本箱って、底は普通真っ白なペフ板、あるいはコルクなんですけれど、その標本箱の下に黒いラシャとかビロードを敷いたりする。コガネムシやオサムシの金色が映えるように。それがフランス人ですね。

**長谷川**　そうですね。パッとすることをね。

**奥本**　そう、最近新しくできたパリの植物園ジャルダン・デ・プラントのグランド・ギャラリーっていうのは、展示の色感や照明の具合が、博物館プラスブティックのセンスなんです。並べ方がうまい。放っといたら、ただのガサガサした剝製に、上手に照明を当ててるから、幻想的に浮かび上がってくるんです。アフリカの草原にゾウやサイが、すーっと行進してるみたいになっている。上からはタカの類が吊り下げてあって、空間まで演出されている。ガラス張りのエレベーターで上がっていくと、それが見えるんです。実に上手い。

**長谷川**　舞台ですね。

**奥本**　そう、彼らの舞台芸術の文化と関係あるんです。日本の博物館はただ順番に並べているだけ。日本は、残念ながら小学校の理科室の延長ですね。

**長谷川**　そう、誰もケアしていないのが、見え見えの陳列品。

**奥本**　怖い人体模型があったりね（笑）。紫外線が当たって白茶けた標本にほこりがたまってもうダメになりそうになってたり、汚いんですよ。フランスでは、王侯貴族の室内装飾という伝統も関係しているでしょうね。

**長谷川**　そうですね。ああいうコレクションはパトロンがいてやっていたわけだから。

## 理解されない日本のコレクター

**奥本**　ところが、日本にある民間の昆虫コレクターの大型美麗種の標本の量、それは大英博物館より上なんです。少なくとも東南アジアに関しては全く問題にならないぐらいです。そのくらいのものがあるのに、あと十年、二十年の間にですね、日本では大半のコレクションはコナムシ、コナダニのえさになってしまう。

なぜって、大体そういうコレクターの女房、子どもは、その標本収集を恨んでいるわけじゃないですか。お父さん一人が遊びに行って、あんなにお金を使って、あんなに時間を使って、ってね。場所も取るし。だからぼくなんか死ぬと、昆虫関係の人、一切お断りってなハガキが出されて、標本はそのまま虫に食われてるという運命でしょうね。西洋人は、残された女房、子どもがコレクションを売るんですよ。日本人は売らないの。

**長谷川**　そうなんですか。伝統的にそういうパターン?

**奥本**　生物関係のものを売るっていうのは、すごくいけないことっていう感覚があるんですね。古本なら売る、古道具も売るんだけども、生き物、自然物を売るっていうのは、すごくいけない事っていうのがある。生物学の先生でも標本を自分で買うくせに、標本商のことを非難している人はいます。

だから日本では、大英博物館以上のコレクションも、虫のえさになって終わりということになるんですよ。なかには、町の教育委員会に寄付するものもある。すると、どこか理科室みたいなところに展示して、日に当てて真っ白になって……。

**長谷川**　それで管理がダメだから、ダメになる。

**奥本**　そう、ちゃんとした管理人がいないとダメ。で、初め熱心に受け取った人も交代するわけですよね。その人がいなくなったら、終わりですよ。

**長谷川**　やっぱり、そういうのをちゃんと継承していく伝統がないんですよね。制度として全然出来てないですよ。

**奥本**　ジャーナリズムは、散々採集を禁ずるとか、採ることを非難したくせに、コレクターが寄付するとね、「五十年間の努力一堂に」なんて新聞にちょっと出して、それで終わり。非常に情けない！

**長谷川**　情けないです。本当に。でも、採集に行かれたりするんでしょう？

**奥本**　もう、しょっちゅう行っています。

**長谷川**　で、たくさんお持ちなんですか？

**奥本**　もうどうしようかと思っています。家中、本と標本で、結局は、もう何年かすると、目はかすみ、手は震えで、ね。標本箱のパラゾール変えるだけでも大変ですから、何か博物館にしようかと思うんですけどね。

**長谷川**　それは是非そうして下さい。

**奥本**　この六月にコルシカに行ってきたんです。あそこにパピリオホスピトンといいましてね、ワシントン条約の第一種。コルシカとサルディーニャ島の高山にしかいないというチョウがいます。それの写真を撮ってきたんです。非常に局地的にしかいないチョウチョで、しかも飛び方は速くて、コルシカは風が強いんですね。

**長谷川**　パピリオだから、でもアゲハでしょう。

**奥本**　まさにキアゲハですよ。コルシカキアゲハという別名が付いていますが、キアゲハがコルシカ島とサルディーニャに残されて、そこで特化したんですね。それを一生懸命写真撮ってきたんですけどね。それは楽しかったですね。

**長谷川**　やっぱりねぇ。楽しくなきゃいけない。日本は、なんか楽しくて美しいのは、全体的にいけないような空気がありますね。

## 風土と虫と文明

**奥本**　日本では、美という概念を導入するとなんでも、〝趣味的〟って言われます。たとえば害虫防除の研究している人が、南方に行ってちょうど捕虫網持ってたから、美しいチョウチョが飛んできたのを捕るとしますね。すると、「君は砂糖きびの害虫駆除しに来たんだろう。チョウなんか捕っていいと思うか」って叱られるんです。

**長谷川**　そう、仕事は、苦しいもので、美しくちゃいけないんです。

**奥本**　それ禁欲的っていうんですかね。とにかく、あんまり生物が好きでないのに生物関係の方に行った人が上にいると、最悪です。生物が好きで楽しんでいる人に対する嫉妬心がすごい。ぼく自身は生物の学科に行ったんじゃないんだけど、それは、仏文でも全く同じでしてね。趣味的なエッセイ書いたりすると、フランス文学の原文校訂とかガチガチのことを研究している人から、ひどく排斥されます。広く文学やってるという感覚がないんですね。エッセイは論文じゃない。紀要論文が業績なんだ、それはエセですよ、なんて（笑）。

**長谷川**　そうね、こういうことは南でも北でもないんじゃない。ただの村的。

**奥本**　村的。そうですね。楽しみっていうこと、美しいっていうことを評価しないですね。むしろ敵視する。

**長谷川**　儒教かしら。それ、何なんでしょう。儒教なんですかね。

**奥本**　精神的には非常に貧乏ですよね。それと、やっぱりまだ貧乏なのかしら。

**長谷川**　私は最近ね、海にもぐるのが好きになって、モルジブとかパラオとか行っているんですよ。この五年くらいに新たに発見した楽しみ。あの珊瑚礁の魚のすばらしさったら、ないですねぇ。

**奥本**　水の中に入るとこっちの体が軽くなるし、上から見ると、また違うでしょう。鳥は空気の中を飛ぶんですけど、魚もまた水の中を飛ぶんですよね。液体の中を飛ぶわけです。

**長谷川**　それに熱帯のあの魚の色の素晴らしさというのはないですね。昆虫も鳥も魚もなんであんなに綺麗なんでしょうか。

**奥本**　水の中の生きた魚の美しさは格別ですね。ぼくは最近、『風土と虫と人の文明』なんていうタイトルでちょっとまとめようかと思っているんですけど、たとえばタイに行くとタイのお寺って、すごくキンキラキンで華やかでしょう。あれも日本と同じ仏教寺院なんですよね。

　日本も初めは華やかに塗ってあったのが、色が剝げて黒ずんだら、そのままですよね。むしろそれがいいという。タイの場合、屋根の鴟尾(しび)のところをとんがらせたり、ガラス玉とか金箔とか張って、限りなく華やかにしますよね。
**長谷川**　ピンクと緑に塗ったりするでしょう。
**奥本**　それを今、奈良の都に持ってきたら、全然合わない。ところがタイの太陽がカッと照りつけて、あそこの赤土があって、緑のどぎつい植物があって、サフラン入りの衣をひるがえした坊主が歩いていて、真っ赤な花が咲いている。その風景の中では、暁(あかつき)の寺でもなんでも、ぴったりなんです。そこに、華やかな色の鳥とチョウチョが飛んでいるんですよ。まさに南なんだなと思うんです。

つまり、その風土に生きている人は、やっぱりその風土に合ったものを作ります。タイの人が作る簡単な水を汲む柄杓(ひしゃく)が、ゾウの鼻の曲線をしている、涅槃(ねはん)像のお釈迦さまも金箔を貼ってある。それは、あの土地にいるルリマダラのさなぎのキンキラキンと同じ趣味です。

南米に行くと、コンゴーインコがいて、アグリアス（三色アゲハ）というチョウチョがいて、藍(あい)色と黒と赤のパターンが、チョウチョと鳥と同じなんです。それは、そこにいる人の作る衣服の模様、色どりと同じなんですよ、これは絶対北にはないものです。
**長谷川**　ありませんね。北欧系の家具とインテリアって、フォルムはすごいけれども、色では勝負にならないんですよ。
**奥本**　それに、北欧にそういうカラフルのものを置くとやっぱり違和感があると思うんです。
**長谷川**　そうですね。ちょっとずらしたという感じでは、いいものができるかもしれないけれど、溶け込むよさではない。

**奥本**　はっきり言って、浅草の商店街でリオのカーニバルの女の人が踊っているのと、同じなんですよ（笑）。見物人はこわごわ取り囲んでいるけれど、いっしょに踊りだす人はいない。溶け込めない。それは東京工大の構内にワカケホンセンインコが群がって止まっているのと同じ。

**長谷川**　いっぱいいますね。

**奥本**　そう、あれは本来いちゃいけないんです。本来の自然があれば、猛禽類にまずやられるもんだと思うんです。今、自然が壊れているから彼らはいられる。南のものへ徐々に徐々に移行するのはいいんですけど、南のものをいきなり北に持ってくると、やっぱり違和感がある。そのミスマッチがいいという意見もありますけれども。

**長谷川**　ありますけれども、モルジブに行って、現地でアロハを買ってくる。その時はいいんだけれど、やっぱり東京では着られない。絶対着たらおかしい。授業の時に着ていって、アっと驚かしたりして、二度と着ない。

## 日本の半分は南だ

**奥本**　ただ、南ということで言いますとね、日本の夏というのは、東南アジアと同じ、南なんですよ。季節的に一年の半分は南です。大阪の夏の暑さなんてのは、本当に東南アジア人ですら耐え難いと思う。

**長谷川**　夏休みにヨーロッパに行って帰ってくるたびに、成田空港の敷地に葛（くず）がむしむし生えているのを見て、ああ、これは熱帯だといつも思う。それから足のズボンの下から入ってくる湯気のような空気、ああ、これは絶対日本も熱帯だと思いますね。

**奥本**　虫がいっぱいいそうなって感じでね。あの不快指数の高さはなんともいえないです。だからワクワクする。

**長谷川**　だからすごく日本は生物の種類が多いですね。

**奥本**　昆虫も多い。それは、イギリスなんかのチョウチョの三倍くらいいますからね。

**長谷川**　そう、比じゃないです。

**奥本**　日本という南には、昆虫がいっぱいいるにもかかわらず、このあいだ、日本昆虫協会で、夏休みの昆虫研究として子どもにいろんな研究してもらうことをやったんです。

ところが、小学五年生くらいの子どもたちが虫をすべてデジタルカメラで追って、幼虫を素早く撮って帰って、パソコンで字を打って、レイアウトして、きれいな本をたちどころに作っちゃうんです。お父さんが後ろについているんですけどね。昔は、画用紙に色鉛筆とか、絵具で描いたでしょう。消しゴムで消して何度も物の形なぞったりするから、ものを覚えたわけです。デジタルカメラだとパーッと簡単にできちゃうんです。早いですよ。

**長谷川**　それはひどい。

**奥本**　風土と虫と文明といっても、昆虫はたくさんいる日本だけれど、昆虫との関係がつかめなくなった。

**長谷川**　本当にちょっと深刻に考え直した方がいい。

**奥本**　どうなんですかね、もう一回貧乏になることじゃないですかね。

**長谷川**　でも、日本全国どこへ行っても、そうなっちゃいました？　それとも東京っていう場所……。

**奥本**　同じです、それは。むしろ田舎の方がすごいような気がします。田舎の子って外で遊んでいないでしょう。みんな汚れると困るような薄水色とかピンクの服を着ているんです。それで学校、塾、お稽古事とゲームなんですよ。周りにどんなに自然が豊かにあろうと関係ない。見ていないですからね。それが農業を継ぐはずがない。親もサラリーマンになりたかったのに、自分は百姓になったと恨んでいたりしますから、子どもがファミコン上手くなるとすごいって喜んでいたり。

**長谷川**　うーん、おかしい。

**奥本**　その点も、フランスのお百姓さんとは違いますね。

**長谷川**　イギリスも違うと思います。本当にプライドがあるし、例の青いつなぎを着て、都市になんか誰が住むかって顔してやっていますよ。

## アイボは増えない

**奥本**　だから、それを本当は子どものうちから育てなきゃ、いけないと思うんですね。大学で生物の講義をなさるのもいいんだけど、本当は、小学校の先生が子どもを連れてね、先生が学者だとさらにいい。今、小学校や中学の理科の先生、つらいみたいですね。

**長谷川**　そうですね。自分に思いがあっても、なかなかできないし、そういう子どもたちもいないし。大学生では遅いですね。

**奥本**　せめて十三歳ぐらいまでないと、生物に対する感覚が身につかない。二十歳になってからピアノいくら聴いても絶対音感は身につかない。それは言葉の感覚、味覚、自然に対する感覚、絶対音感、全部同じなんですよ。十三歳ぐらいまでに脳ができちゃう。小さな時から相手に対する言葉遣いが分かっていない人って、一生そうでしょう。

**長谷川**　認知的なプロセスの中には、生物が固有に持っているいろんなモジュールがあって、それは計算論でやっても決して出てこない。でも、基本的に動物が分かっていない人が、ヒューマノイド・ロボットなど造ろうと豪語している。テクニカルにはいいんですが、生き物の理論という点で違和感があります。

**奥本**　確かにサッカーで球を蹴るロボットはつくれるでしょう、でも幾らシュート力なんかついてもそれ以上のことって、相当時間がかかるでしょう。陣形を見て自分はどこに走らなければいけないかパッと解る中田英寿の頭みたいなのは難しい。

**長谷川**　でも、アイボみたいなものが本当に人間の癒しの力になると本気で思っているのかしら。だってかわいがってちゃんと癒されたと言う人だっていますからって……。

**奥本**　そんなの、捨て犬を拾ってくればいいじゃない（笑）。アイボ二台おいたって増えませんよ。捨て犬の子どもオスとメス二匹置いていたら、どんどん増えちゃう。本当の生き物は嫌なんだ。ウンコもするし。だから、ペットブームというのは、動物好き、生き物好きとは、根本のところが違う。

**長谷川**　人間関係がうまくいっていないからでしょう。ただ寂しいんです。これは、教えてもダメでしょう。分かるもんじゃないんだから。

**奥本**　言葉で教えてもダメですね。単に小さいときに生き物を飼えばいい。

**長谷川**　でも、テクノロジーが発達して、人間の暮らしはどんどん楽になり、不自然になりましたね。

**奥本**　まだ進むのかというぐらい、どんどん、どんどん進行していますよね。

**長谷川**　やっぱり、進化の歴史の中で、いつも苦労して環境に対処していかなきゃいけなかったから、楽だったら楽な方に行けっていうのは、人間の脳に組み込まれているんだと思いますよ。

**奥本**　肉食の動物、ゲンゴロウみたいなやつにえさをいくらでもやると、食べるだけ食べて死にますね（笑）。自然状態でそんなこと有り得ないんですけどね。

**長谷川**　そう、自然状態で本当に砂糖があり余っているとか、脂肪があり余っているとか、歩かなくてもいいとか、有り得ないですよね。有り得ない環境を自分でつくって、その中で暮らしているから、これは本当に絶滅してもおかしくない。それを乗り越える知力があるかどうか。

今、大学の授業はパワーポイントでやっていますけど、パワーポイントで何でもきれいにビジュアルに見せるという授業を小さいころからやったら、教育はダメになりますね。

**奥本**　と思いますよ。紙や黒板に手で書かなきゃ、物の形をなぞるのが大切ですよ。

**長谷川**　私も、すごく最近そう思います。

ところで、まだまだいろんなところに行かれます？

**奥本**　行きたいですね。

**長谷川**　私も行きたいわぁー。

**奥本**　アフリカの南部に行きたいんですよ。乾燥地、砂漠に虫がいっぱいいます。あの辺、行きたいですね。

**長谷川**　島はいかがですか？

**奥本**　島も行きたいです。島は行きだしたら切りがないですね。

**長谷川**　切りがない。

**奥本**　人生なんて短いです。

（「穹＋」no.７・２００２年）

# 休憩

## 連載閑談

×阿川弘之

×北杜夫

**阿川弘之**（あがわ・ひろゆき）

小説家。一九二〇―二〇一五年。著書『雲の墓標』『山本五十六』『米内光政』『井上成美』『志賀直哉』『食味風々録』。一九九九年、文化勲章を受章。

**北杜夫**（きた・もりお）

小説家、精神科医。一九二七―二〇一一年。著書『どくとるマンボウ航海記』『夜と霧の隅で』『楡家の人々』『さびしい王様』『輝ける碧き空の下で』。

## 実録と空想

**奥本** 「図書」は今号で五〇〇号だそうですが、ぼくはとても面白い雑誌だと思っています。一篇一篇のエッセイも非常に充実しているようですし、何本かある連載ものも、いずれもそれぞれ個性に富んだ力作ぞろいといえるんじゃないでしょうか。まあ、ぼくのものだけは例外として（笑）。

せっかく五〇〇号だからというんで、いつもやかましい「図書」編集部の人を脇にやって肩の力を抜いて、連載中の大御所お二人から、苦労話など、あれこれお聞かせ願いたいと思います。話はどんなふうに流れていくものやら（笑）。

口を開いたついでに、私の感想を述べさせていただきますと、これほどいい雑誌はありません。とにかく、安くて面白い（笑）。切手代程度のお金を払えば家に送ってきてくれるし、書店に行けばタダでくれたりもします。金を払って買ってもロクな雑誌はない（笑）。五〇〇号のうちで阿川さんの「志賀直哉」はもう四十四回ですから、そろそろ通巻のうち一割、大連載ということに……。

**北**　ぼくより十回分早くスタートしたわけですね。阿川さんに与えられた枚数は何枚ですか。

**阿川**　ぼくは四〇〇字詰二十枚プラス・マイナス。それを逸脱していること多いけどね。

**北**　ぼくは十一枚。はじめは守っていたけど、このごろオーバー気味で……。

**阿川**　奥本さんは十枚ぐらいですか。

**奥本**　七枚ぴったりです。

**北**　出来上がり三ページですね。枚数が限られて奥本さん苦労なさるでしょう。

**奥本**　枚数が少ないのはまだいいんです。書き足りないという欲求不満は、いずれ本にしてもらったとき晴らしますから。それより、書くことが七枚に満たなければもっと大変（笑）。

**北**　だけど、ぼく後悔しちゃったな、あの連載始めて……。

**阿川**　どうして？

**北**　だって、ぼくは歌人でもないし、研究者でも学者でもないし、親父の生身をちょびっと知ってるだけです。高校も大学も学校が地方でしたから、いつも親父に会っているわけではないんです。ずっと一緒にいれば研究家のためになることも書けるかも、と思うけど、一緒にいたのは夏休みや冬休みといった休みだけですからね。

**阿川**　そんなことを言っても、やはり、君しか知らない茂吉さんの姿が描かれているからね。この仕事は大事にしろよ。

**北**　そういえば疎開先から帰って箱根にいたときなんかはほとんどぼくと二人で暮らしまし

たから、そのときの会話なんかはかなりおもしろいものがあるんです。そのころのことの箇所になると少しは面白くなると思うんですね。それと、やっぱり食料難のため大石田にもぼくは夏と冬の休みに行ってます。だから「かぎりもしらに雪降るみだる」、あの光景を見ております。

**奥本**　そういう意味では、休み休みでも実物に会っている方がお書きになっているわけで、ぼくなんて鳳凰とか麒麟とか、見たことがないものを書くんで……（笑）。

**北**　麒麟なんてそもそも空想の創造で、だれも見た人がないんでしょう。

**奥本**　孔子様がごらんになったらしいですよ。七十一歳の孔子様が、野に無残な麒麟の屍体を見て、「我ガ道窮マレリ」といって泣いています。何か大きな鹿の一種の、腐爛屍体でもごらんになったのではないかと思いますが……（笑）。

**北**　パンダの屍体だったら……（笑）。ところで、奥本さん、まだシャチのことは書いてないでしょう。昭和の初年に出た大島正満の『動物物語』。「氷塊をくつがへして氷上の人を喰はんとする鯱（しゃち）」という説明がついていましたね。ところが、シャチというのはけっこう人に慣れて、イルカのように芸もするらしいですね。

**奥本**　たしかにイルカの仲間ですが……。千葉かどこかの遊園地で大きなシャチを慣らして芸をさせていますでしょう、よくもあんな恐ろしいことができると思いますね。だって、シャチはシロクマをひと呑みにしかねませんからね。

**阿川**　そうですか、シャチがクマ呑むの？　そんな大きいのがいますか。

**奥本**　ええ、でかいのは九メートルを超えますよ。腹を裂くと大きなアザラシやアシカが何頭も出てくるといいますから。

**北**　シャチにも種類があるんでしょう。

**奥本**　いえ、あれ一種だけです。マイルカの仲間のオルカ orca という種なんです。ほかのイルカは魚やイカを食っているのに、これだけがなぜ、温血動物を食うのか。ちょっと変ってるんですね。

## 読者の叱言

**阿川**　そういうところも、奥本さんは実によく調べてるね。マンボウの方はどうですか。「前回はこう書いたけど……」とか前置きして、訂正をしていたじゃないか、この間なんか読者からうんと投書がきたんでしょう、不正確なことを書いたんで。

**北**　不正確というよりも……、私の錯覚、それに加えて読者のほうがよりよく知っているってことですねえ（笑）。

今度は昨年十二月号でとんでもない間違いをしました。吉作さんという方から指摘されたんですが、茂吉の地獄極楽図の歌を左千夫の模倣だと書いたところ、これは間違いで子規の模倣とすべきだったんです。あれを書いたときはもう疲れきっていて、ボケちゃって間違えたんです。なにしろ私のボケは二十代から始まってるからアルツハイマー性どころではありませんよ（笑）。

別の件でお手紙を下さったお一人は中川さんという茨城大学の先生です。汽車についてのご指摘なんですが、それも日本の汽車じゃなくて、ヨーロッパ、スイスの……。あの手紙読んでシャッポをぬぎました。宮脇俊三さんも感心してましたよ。あの人は本物、ほんとの汽車マニアだと。阿川さんも、汽車の趣味じゃついに宮脇さんや中川さんに凌駕されると思いますな。

**阿川**　むろんもう凌駕されてるよ。だけど、そのぼくが読んだって、昨年十月号、松本から山形上山へ帰る道筋を書いたところは、ちょっと変だったぜ。本当はどうなのかね。

**北**　あれには困りました。言われるとたしかに不自然なんです。だけどぼくの手帖や、道中を詠んだ歌からは、あのとおりの経路になる……。困った矛盾です（笑）。

**奥本**　ぼくもいっぺんまちがいを指摘されました。ベッドフォードというイギリスの公爵が動物保護をやっているんです。絶滅に瀕した鹿の一種の、四不像（しふぞう）というのを飼って繁殖させたりしましてね。ところが、百年戦争のときに、ジャンヌ・ダルクを焼き殺させたイギリス軍の大将がベッドフォード公なんです。だからてっきり同じ家の先祖だと思い込んで書いたら、森さんという方からちゃんと、あの初代のベッドフォードとあとのベッドフォード公爵とは家がちがいます、あの家は一度廃絶して……という、非常に詳しいご教示をいただきました。専門家の目が光ってるから、いい加減なことが書けない。読者の水準が高いというような次元を越えていまして……。

## 橋本学の建学

**阿川**　おそろしいというか、面白いというか、あらゆる分野にマニアのような専門家がいるんだね。

実はぼくも、そういった専門家にずいぶんお世話になってる。それがなかったら、この連載も内容が違っていたのではないかと思うほどです。

いちばん最初にぶつかったのは石巻の橋本さん。石巻の郷土史家に橋本晶さんという人がいて、その人を頼って調べものに行ったんです。志賀先生は石巻の生まれだから……。そしたら郷土に縁のある文学者のことをじつに詳しく調べてる人でね。何か一つ聞いたら、そりゃもう微に入り細にわたった返事が返ってくるわけよ。そうそう、志賀先生のことだけじゃないんだ、知ってるだろうけど茂吉も石巻に縁があるんだよ、石巻の歌をつくっている。

それ以来、そういう顕微鏡的調べ方をやることを「橋本学」と称しましてね（笑）。それでそのうち分かってきたんだが、我孫子にも奈良にも京都の市役所にも神田の岩波書店にも橋本学者がいるんだよ。だんだん影響受けてきて、ぼくも橋本学派の新入生みたいなことになっちゃって、しかし、あれあんまりやると淫するからね。

**北**　なあんだ、ぼくのように誰かから言われる前に、そういう人に聞こうという手ではないですか（笑）。やっぱり阿川さんはものすごい取材をされて、古いお手伝いさんやなんかまで探し出して話を聞いておられるでしょう。

**阿川**　別にものすごくはないけど、橋本学的にやってると、ふっと、天祐神助（てんゆうしんじょ）かと思えるような道のひらけ方することがあるね。大正の中ごろ、我孫子の志賀家に住みこんでいた泉千恵子という文学少女――、志賀日記に度々名前の出てくる人だけど、この人が今も北海道に元気で暮しておられることなんか、志賀先生の言葉づかいの源泉を突きとめようと思って、学習院の国語教授の田中章夫さんに色々教えを乞うてるうちに分かったんだ。つまり、田中教授の奥さんの伯母さんだったんですよ。時任なる家のルーツも、やはり偶然のかさなりで突然分かってきた。

**奥本**　それで志賀学が大成すれば大変に結構なことですね。

**阿川**　ぼくの書いているものを本気で志賀学などと言われちゃ困るけど、まあ、五十何年来たくさん出ている文芸評論ってのは大体観念論が多いですからね。

**奥本**　そしてみんな「吾が仏尊し」で。

**阿川**　そのとき志賀さんという人はどういう服装をしてたかとか、何時の汽車の何等車に乗ったかとか、そういうことは皆さんあまりおっしゃらない。作者の自我がどうだとか、高級なことばかりさ。だから、高級なことはほかの人にまかせて、ぼくレベルの読者もいるだろうし、そういう人たちが興味持ちそうな橋本学的な方面をと思ってやってるんだけどね、それがちょうどお二方の連載といっしょになった。

**北**　阿川さんが取材なさるとき、メモは手帳ですか、あるいは大学ノートぐらい持っていらっしゃる……。

**阿川**　大学ノートです。

**奥本**　しかし、よくも、まあ、あんなに綿密に……。カードかなんかおつくりになっているのですか。

**阿川**　いや、そんなもんありません。全部この（自分の頭を指して）、こわれかけのコンピュータで処理しています。だからノートに書いていても、それをすぐ忘れて、先生それ、この間のノートにあるでしょうがとか、編集者に始終叱られてる。もうボケないうちに早く終わりたいと思うよ。

**北**　ぼくはボケてますよ。

**阿川**　奥本さんはその点大丈夫だね。材料は無限にあるしね。

**奥本**　昆虫だけでも、多く見積もる人は一八〇〇万種といってます。昔は六十万種ぐらいだといっていたのに。

**阿川**　一八〇〇万もあるんですか。

**北**　やっぱり昆虫の種類は圧倒的に多いですからね。

**阿川**　その意味じゃうらやましいな。

**北**　人間はただ一種だけど……。

**奥本**　個体変異がありますから。

**北**　その多様性に関しては昆虫に匹敵すると思うんですよ。

**奥本**　材料がいくら沢山あるったって、毎月毎月書くのは楽ではないですね。まあ、一八〇〇万回も書いたら、読者も編集部も迷惑しますから、今月号「人間」のことを書いて終りにします。これで、あいだに一年の休みをはさんで合計二年連載しました。御退屈さまでした。

**北**　志賀先生が家を建てて何年か、なんにもしなかった、書かずに……。

**阿川**　家を建てたからじゃないけどね。実際書かなかったのは三年と五年と三年と、計十一年ぐらいかな。

**北**　ぼくもああいう身分になりたいな。ジャンボ宝くじ買ってもみんなはずれちゃうし、馬券もはずれちゃうし……。

## ユーモアについて

**阿川**　お二人の連載で、いいと思うのは、ああやって突っ込んで書いてるのに、ユーモアがあるのね。

**北**　ぼくのは愚かさのユーモアですからね。日本人の欠点はゆとりがないこと、つまり阿川さんみたいにせっかちなことと、それからユーモアがないことでしょう。

**奥本**　きょうは攻撃的ですね。

**阿川**　ぼくも悪口言ってるんだから、いくら攻撃してもいいよ。だけど、ユーモアが書けるということは、必ずしも愚かでない証拠だから結構なんだよ、マンボウさん。

**北**　ぼくは自覚してますから。

**阿川**　そうそう、それを自覚しなくなったときは、ほんものの「狂」の字がついておもしろくなくなる（笑）。

**北**　だって、阿川さんのほうが自覚してないとこがずいぶんあります（笑）。

**阿川**　遠藤周作にしじゅうそう言われてるよ、「あいつは本人がおかしいとこ、ひとつも分かっとらへん」って（笑）。

**北**　そうそう、その遠藤周作さんと『狐狸庵vsマンボウ』って対談を出したことがあるんですよ、そうしたら、遠藤さんはライターを直すのだけはうまいが、科学オンチぶりはすさまじくて、たとえば、「ポーンとリンゴを真上に投げたとして、地球がグルグル回っているはずなのになぜ真下に落っこちてくるか」ってきいたら、「月の引力だろう」なんていった（笑）。つまり慣性の法則も知らないんですね。その代り、ライターを直すとかドロボーに入られるとかには不思議な才能がある。やっぱり天才かもしれません（笑）。

　そんな対談だったんですが、その中で、阿川さんの悪口を言ったんです、阿川さんのユーモアは大したことはないなんて、あれは失言でした。『南蛮阿房列車』なんかのはすごいユーモアですなあ。

**阿川**　変なところで待ち上げるものではありません（笑）。ユーモアはさておき、北さん、君は親父をほんとに尊敬しているなあ。あいつは幸せな人間だって、みんな言っているよ。

**北**　でもね、字の下手さといい、文学的才能のなさといい、一、二ヵ月前の号に書いたことだけど、やっぱりぼくは不肖の息子。どうもおふくろがやたらと浮気したらしいから、ぼくは茂吉の子じゃないと思うんです。

**阿川**　なに、あなたが？　それじゃ、時任謙作じゃないか。

北　茂吉の子にしては、あまりに若いころ美男子すぎた。

阿川　つまり、それを言いたいのか。あなたが美男子？　へえ。

北　きっと歌舞伎俳優かなんかの落し胤かもしらんですな（笑）。

阿川　それにしちゃ、茂吉にかわいがられたね（笑）。

北　中学生のころ、ぼくが親父にはじめて習ったドイツ語が「カールコップ」です。「禿げ頭ってのはカールコップというんだ」といって、なんだか禿げ頭を自慢しているような口調でしたね。それから食堂で座るときに、先客がいる場合に「失礼いたします」の「フェアツァイウング」と、その二つを教えてくれた。「カールコップはよく覚えとけ」といったから、禿げ頭を自慢していたとしか思えないですね。

阿川　「あかがねの色になりたる禿げ頭かくのごとくにわれ老いにけり」……。

北　「生き残りけり」ですよ。

阿川　そうか。敗戦直後の歌だから「生き残りけり」だったかな。どっちが正しいかな。

北　ぼくは北性老人性痴呆ですから、おそらく阿川さんのほうが正しいかもしれません。

阿川　とにかく、「あかがねの色になりたる禿げ頭かくのごとくに」までは正しいんだよ。

北　「生き残りけり」ってぼくは覚えているけどな。

阿川　「生き残りけり」だったかもしれない。帰って調べればすぐ分かるけれど。

北　これもし阿川さんが間違っていたら、雑誌に載せるときそこはカットしちゃだめですよ。

阿川　奥本さんのをぼくはずっと愛読してますよ。一つは、ご本人を前においてだけど、さっきも言った通り、虫だの猫だの、それから想像上の動物だの扱って、なんともいえないユーモアがあるからね。マンボウの主張のように、日本の文学でいちばん欠けているものはユーモアなんだ。

**北**　奥本さんのはさすがです、エスプリですな、奥本さんのユーモアは。

**奥本**　いやいや、ただの駄洒落です。

**北**　つまり頭がいいから。

**奥本**　いや頭の配線がおかしいから、頭の中で言葉と言葉がショートするんです。

**北**　ぼくは愚かだから、でも、エラスムスが讃めた愚者だから未だに自殺しません。奥本さんは特別に進化が早いんでしょうね。利口なハキリアリとか、ああいうのときっとＤＮＡが合体しているんだと思います。

**阿川**　それはなんだい？

**北**　ハキリアリというのはパラソルアリなんていわれて、ブラジルにいて、なんと、いろいろな葉っぱをとってきて茸(きのこ)を栽培するんですよ、高等なアリなんですよ。

**奥本**　なんだかぼくはいい加減な知識をどっかで切り取ってきて、毒茸でも栽培するみたいですね（笑）。

## 博物文学

**北**　でも、ぼくが奥本さんにはじめてお目にかかったとき、あるいはお目にかかる前か、ぼくの『谿間にて』が『山と雲と蕃人と』でしたっけ……あれを参考にしているだろう、とぴったりと当てられたのにはびっくりしましたね。

**奥本**　その本の著者は、戦前の台湾の山にずいぶん登って、昆虫をはじめ、動植物を採集した鹿野忠雄という人です。まだ日本に投降していないタイヤル族などのいる高山にひとりで初登頂したりしていますから。見つかったら、いっぺんに首をハネられるんですからね。

**北**　フトアゲハって、当時六匹しかつかまらなかった珍蝶がいるんです。あと、中国にはシナフトアゲハがいる。もちろん奥本さんの本職ですが、奥本さんが講義するとこれは深遠なものになるから、素人のぼくが話すと、つまりアゲハの類は尾状突起が一本でしょう、それが特別広くて、あれは二本といっちゃ変でしょうね。

**奥本**　尾状突起のなかに翅脈という筋が二本通っています、だから太尾アゲハ。それが台湾で新種として採れて間のない時代のことです。六匹しかまだ採れていなかった。そのときのプロの採集人を主人公になさって、その人が苦労の末、フトアゲハを山のなかで採集する物語、それが『谿間にて』なんですね。

**北**　『谿間にて』のはじめのほうは、ぼくの松高の頃、洪水がおこって島々まで見に行った、その時のことです。これは本誌でも書いたように、実際の体験です。それからあとはフィクションなんです。その採集地をどこにしようかと思って、たまたま神田の古本屋で、三〇円均一なんかのなかにあった本を買っておいたところ、そのなかに山へ登る話があるんですよ。その著者はなかなかの博識で、植物とか鳥なんかにも詳しくてちゃんと書いてありました。

だからそれを利用したんです。

**奥本**　鹿野忠雄は生物地理学者で、最後はボルネオで行方不明です。

**北**　そうですか、それはお気の毒だ。

**阿川**　生物地理学者の書物ならしっかりしているでしょう。

**奥本**　用心しないとさっきの話ではありませんが、間違いを犯しますからね。南洋一郎も、生物地理学的にいろいろ混乱があるようですね。

**北**　山中峯太郎はもっとですよ、中国かインドにいたかと思うと、いつの間にかもうアフリカに行って……。

　南洋一郎が、捕えたオランウータンが小さなボートの中で檻を破って出てきて、人間に向かってきたりするシーンを書いた「緑の無人島」ってのが少年倶楽部に出ていましたが、本当はそんなことはない。北ボルネオにはオランウータンの、病気だったり捨てられた孤児みたいなものを拾ってきて飼育するリハビリセンターがあって、そこを見学いたしました。ぼくは遠くからでもチラリと見るぐらいだと思ったら、エサに手からバナナをやっていましたね、つまりもう子どもじゃなくなって森に放して……。

**奥本**　オランウータンってのはほんとに人に抱きつきますでしょう。

**北**　ええ、ものすごく人なつっこい。親愛の情からか、ぼくのショルダーバッグをつかんでグイと引いたときには、はじめちょっと恐かったけれど、南洋一郎が書いたみたいな狂暴な動物じゃないですな。

**奥本**　野生のオスなんか恐ろしそうですけれどね。

**阿川**　奥本さんは、昆虫のみならずすべての動物に興味がおありのようですね。

**奥本**　でも、植物は虫の食うもの以外は知りませんね。

**北**　ぼくもやっぱり、はじめ食草のために腊葉標本なんかつくりだした時代があったんだけどやめちゃった。植物には弱いんです。まあ、三島さんのように松の木を分からないほどじゃないですけれどもね。

**奥本**　ドナルド・キーンが書いていることはほんとなんですか。

**北**　おそらくほんとでしょう。

**阿川**　その点志賀先生は好きだし、詳しかった。熱海の家で花瓶にふっと生けてある赤い実のなっているものがあるのよね、「これ何かわかるかい」と言われるから、「さあ、困ったな」と思って、「千両……、じゃないですよね」といったら……。

**奥本**　ダメだったら次は「万両」という予定で（笑）。

**阿川**　「千両知っているだけでもまだマシだけど、よくそれで小説書いてるね」って言われたことがある、青木だった。

**奥本**　同じ赤い実でも、ちょっと実が大きすぎた（笑）。

**阿川**　熱海に住んでいる時、みんなで散歩しているでしょう、そういう時、「この木はなんですか？」とたずねると、先生だって知らないのがあるんだよね。「先生の知らないものを質問しちゃいけない」と、こういう。

こんなこともあったよ、さっきの三島由紀夫の話じゃないけど、網野菊さんが、田舎道を歩いていて、「この草はなんでしょうね」って康子夫人かだれかと言い合ってるんだって。稲なんだよ、稲を知らないかねって……（笑）。網野さんも、その方やっぱり相当疎かったらしい。

**北**　ぼくも阿川さんのおかげで志賀先生にお目にかかれて、やさしい方だったなあ。パン屑をお庭にまいておられて、スズメがたくさん集まっているんです。ぼくもまねしてパン屑まいたらスズメがくるようになった。しかし、野良猫が多いんで……。阿川さんは、志賀先生のいいところを継がないで悪いところばかり継いでいるというもっぱらの噂だけど（笑）。

**阿川**　昔からそう言われてる。ぼくはいろんなこと無知だ。だいたいあなたたちが二人で、ショウジョウトンボだかアカトンボだの話をしていてもよく分からない。志賀先生がご存命だったら、さぞお二人の対談をお喜びになっただろうと思いますよ。

**北**　志賀先生ならそうでしょう。

**阿川**　大好きだった。とくに昆虫というわけじゃないけど、動植物一般全部好きだったから。

**奥本**　そうでなければあんな随筆は書けない。

**北**　名前なんかもご存知でした？

**阿川**　名前もよく知ってた。いつか徳川夢声と『週刊朝日』の「問答有用」という対談をした時なんか、ほとんど全部そういう話ね、犬とか猫とか虫とか。それから熊谷守一さんと対談したときもやっぱりそういう話ばっかし、アリの話とか。

**北**　ぼくがもっと驚いたのは、谷川先生なんかといっしょにどっかのお寺に円空仏かなんか見に行ったでしょう。

**阿川**　東京の郊外、神奈川県のどこかでしょう。行った、行った、ずいぶん昔だね。

**北**　そうしたら、電信柱に日本映画の時代劇のおそらく三流映画みたいなビラが貼ってあったんです。志賀先生はそれをごらんになって、「オヤッ、これはまだ見ていないなあ」っておっしゃった。こんなくだらない映画まで見られるとはすごい先生だなあと、それに感服いたしました。

**阿川**　それは面白いな。ぼくは覚えてないよ。

**奥本**　映画が好きだったんですか。

**阿川**　映画は好きでした。渋谷までよく見に行っていた。

**奥本**　「映画」とおっしゃったですか、あるいは「活動」と。

**阿川**　さあ、「活動」って言ってたかね。晩年は「映画」と言ったように思う。

**奥本**　歌舞伎もお好きだったでしょう。音楽はどうでした。

**阿川**　歌舞伎はもう、三つの時見たものから全部覚えておられた。音楽の方はそれほどじゃありません。一時能に心を惹かれてたけど、西洋音楽の音楽会に積極的に出かけるとか、モーツァルトやベートーベンのレコードを集めるとか、そういうことはあんまりなかったな。若い頃は別ですが。

## 文字と文体

**奥本** 北さんのじつにいい書をぼくは頂いているんです。

**北** いや、阿川さんにいつも「おまえは茂吉の子なのに、なんて字が下手なんだ」と言われてます。たしかにそうなんですよ。

**奥本** ところが、いま北さんの字は毛筆で書くと、茂吉ととても似ていますね。

**阿川** そう言われれば、面影はある。

**奥本** 似てますよ。信州の富士見かどっかの公園に万葉仮名で書いた茂吉の碑があって、それをぼくの友だちが拓本にとっているんです。それとぼくが北さんから頂いている大きな色紙とてもよく似た字ですよ。あんまり言うと、とり返されちゃうかな（笑）。

**阿川** 原稿では小さいんだろう、北さんの字は。

**北** ええ、読者からも、せっかく返事をもらったけど、ぜんぜん読めなかったなんて手紙が来ます。

**奥本** マス目一杯にお書きになればよいじゃないですか、同じ料金ですから（笑）。

**北** ぼくのそういうあれは全部躁(そう)うつに結びついています。躁病になるとどうして字が小さくなるか、これは研究に値しますね。

**奥本** うつ病のときは？

**北** どだい、うつ病のときは書かないですから（笑）。

**阿川** 明治のある時期まで、あるいは茂吉先生も入れれば昭和のある時期まで日本人の知識人が立派な字を書いていたのに、どうしてわれわれの世代で全部だめになったんだろうか。

**奥本**　戦争に負けたからですよ。

**阿川**　かもしれない。ぼくたちの周囲であいつの字は立派だというのは一人もいないな。

**奥本**　結局、負けると儀式なども簡略化されますね。権威が失墜する上に、お金もないんですから。そうすると、字どころではありません。というか、その情ない気持ちが字に出る。

**北**　そう言えばそうだ。それにぼくはずっと前からマンボウ・マブゼ国の主席で（笑）、日本人じゃないから、もう日本語なんて忘れているんです。

**奥本**　負けると文章の格式がなくなりますね。転んだときの心配ばかりして書いたり言ったりするようになりますね。曲がりなりにも戦勝国のフランスなんかには、文章の格式はちょっと残っていますね。

**阿川**　それは面白いね、面白いし、涙が出そうなぐらい悲しいな。

**北**　ファーブルはいい文章だと思ったら、そんないい文章じゃないと奥本さん言ってたじゃないですか。

**奥本**　一種の悪文ですよ。だけど、盤根錯節（ばんこんさくせつ）の読みにくい文章はぼくはいいと思うんですよ、なんべんもくり返して読むと、味があるのであって……。

**阿川**　盤根錯節の文章で、ぼくははじめだめだと思ってのちに感心したのは室生犀星なんだよ。ぼくはこの人の文章はだめだと思ってた。そうしたら、盤根錯節が老年になったら風格を帯びてきたの。あれは醜男が美男子になるみたいな感じがあるのね。

このあいだ、上野の博物館へ御大典記念の「日本美術名品展」というのを見に行ったんだよ。そうしたらね、正倉院の宝物の聖武天皇の字と光明皇后の字がならんでいた。両方ともいい字なんだけど、聖武天皇は非常に線が細くて神経質なインテリの感じなのね、それにくらべると、光明皇后は太いね……。

**奥本**　楽毅（がっき）論を書いて、「藤三娘」って最後に書いてある、あれはなんというか、太っ腹な、立派な字ですね。

**阿川**　そう、立派。そういう言い方は失礼だけど、聖武さんの方、大分お尻に敷かれていらしたろうと思うんだけどね。

**奥本**　たしかに聖武天皇のは線が細い感じですが、逆に言えば、じつに鋭い、弾力のある線ですね。

**阿川**　ええ、きれいな字ですよ、それはやっぱり。

**奥本**　あの長い文章を書いて最後の最後までちっともゆるみがありませんでしょう。あれはふつうじゃありませんね、ふつうじゃないというか、常人のなすところでないというか……。

**阿川**　そうね、やっぱりふつうの人の字じゃない。

**北**　西郷隆盛の書も見事でした。でも、字によって性格までは判断できないと思うな。筆跡学というのがありますね。クレッチマーという人は筆圧計というものをつくりまして、文字によってノイローゼなんかと正常人との区別したりすることを試みたんです。

　ぼくの博士論文は、「分裂病と筆圧計」。教授からこれをやれってテーマを与えられたんです。常識からいって、筆圧と分裂病とは結びつかないんです。でも、ぼくはいつまでたっても小説売れないから、兄貴の医院で週二回アルバイトしてた。そうしたら、兄貴が博士になってくれっていうから、泣く泣く博士になったんです。

**阿川**　あなた博士ですか？

## 親父と息子

**北**　医学バカセですよ。これは完全なインチキ論文なんです。せめて茂吉流に文学的表現を用いた論文を書こうとしたら、医学雑誌に載せるのには金がかかるんですよ、だからもう平凡なあれしかできませんでした。一度、あれはインチキ論文だから学位を返還するって慶應の医学部長にはがきを書いたんです。そしたら女房がなだいなだ氏に相談してそれを隠しちゃった（笑）。

よく医学論文の後ろにズラリと文献が載っているでしょう、読みもしないのに、たくさん並べてると偉そうに見えるからです。ぼくの駄目論文から全てを言うのはおこがましいけれど……。文学書であゝいう文献を載せたのは、おそらく親父の『柿本人麿』なんかから始まったんじゃないですか、親父はいちおう医者でしたから。

**阿川**　それにしてもマンボウの論文がよくパスしたもんだ（笑）。

**北**　医学論文はみんなパスするようです。だから医学バカセといわれる人もあるんです。親父は「宗吉は昆虫標本をつくって手先が器用だから、外科医になれ」なんて、とんでもないことをいったんですよ。

**阿川**　ああ、日本人の何人かがいまずいぶん幸せしているぞ（笑）。

**北**　医局時代はマンボウ調で、元気で、ぼくは医局長の小使みたいな役だから、医局のコンパ、東大との親善野球のあとの司会をやったり、そのためにビール会社からビールを寄付させたり、そんな雑用ばかりやらされてたんですよ。学会ってもんに一回も出たことない。全部留守番役で、看護婦さんをはとバスに乗せて日劇へ行ったり駒形でどぜうをご馳走したり……。つまり学会へ出されないのはもうおミソってわけなんですよ。

**奥本**　北さんのを読んでいても、斎藤茂吉がいかに鰻（うなぎ）好きだったかが分かりますね。

**北**　親父はやたらと鰻をとりましたけど、やっぱりつつましい精神だから、上中下とあると、たいてい中をとってた。しょっちゅうとるけど、子どもたちにはめったにとってくれない。自分ひとりで食べている。親父は鰻を食べると、五分もたつと目の輝きがちがってきて、あと勉強できた。

**奥本**　そう書いていますね。

**阿川**　あれは信仰だね。

**北**　でも、茂吉って一面では俗物的なところがあったから、たとえば、ぼくが新人賞をとったことなんか知ったら、あんがい喜ぶかもしれないんですよ。その代り母はもっと公平な見方をしていました。もっともこれはぼくの性格のことですけれど、晩年に家にやってきて、「宗吉は子どものときはおとなしくてとてもいい子だったけれども、どうしてこんなになっちゃったんだろうねえ」と嘆いていました。

**阿川**　それは分かるよ（笑）。

**奥本**　だって、学校の成績がよければ茂吉さんは喜んでくださったんでしょう。

**北**　ええ。ぼくは小学校、中学校は優等生でしたからね、父はいつも子どもをほっぽらかしておいた。そのかわり、たとえばぼくが悪い点なんかとると、凄まじく怒った。親父はぼくを呼びつけて、リーダーの書き取りを一時間半もやらせたですよ。

**阿川**　英語のリーダー？

**北**　ええ。ヒアリングで六〇点以下のものは親のハンコをもらってこいと言われたことがあったんです。ハンコなんて玄関においてあるから押していけばいいのに、バカ正直に親父のところへ行くと、親父は激怒して、リーダーの書き取りをやらした。

その甲斐あってその次の回にぼくは一〇〇点とっちゃった。そしたら先生からぼくがてっきりカンニングしたんじゃないかと疑われてるんじゃないかと思って心配する……。とにかくはた迷惑なんですよ、親父はときたまものすごい愛情を注ぐから。それもエゴイズムの愛情ですからね。

**阿川**　まあ、茂吉先生も志賀先生も、やっぱり不世出の天才だからね。そういう文学者に、不肖の息子として、不肖の弟子としてじかに接することが出来たのを幸せと思ってさ、お互い——「頑張る」という言葉、ぼくは嫌いだけどね、大嫌いなんだけど、それでも一つ、お互いまあ頑張って、ぼくはもしかしたら途中でくたばるかも知れないが、君、ちゃんとあの仕事立派に完結させなさい。そのあいだに、奥本ファーブルの昆虫記だの動物記だのが上等のスパイスとして続いていれば、「図書」五〇〇号記念もめでたいかぎり。三人三様あんまり自画自讃にならぬうちに、このへんでやめようや。

（「図書」１９９１年2月号）

# 第2部

# フランスかぶれ今昔

×鹿島 茂

**鹿島 茂**（かしま・しげる）
フランス文学者、評論家。一九四九年生まれ。著書『馬車を買いたい！』『子供より古書が大事と思いたい』『パリ風俗』『パリの日本人』。

**奥本**　われわれは大学でフランス文学を教えているわけですけれども、どこから教え始めていいのかわからない状況ですね。

**鹿島**　それはフランス文学に限りませんよ。文学、というか、そもそも本を読んだことのない人間という、われわれが想像だにしたことのない人たちを相手にしなければならないんですから。

**奥本**　そう、本を読んだことがない人間に対して、文学を教えるというのは難問だ。それに卒論を書かせてやっと少しいろいろな事に興味が出た頃、卒業だし。小説の粗筋（あらすじ）話してもしようがないから、時代背景の話なんかから入るんですけど、それでも途中で飽きてしまう。

フランスの文学作品を映画化したビデオをとっかかりにしようとしても駄目なのは駄目。ミステリーならどうかと、「死刑台のエレベター」を見せると、終った後で「チョー退屈」と言いおった。あれは、社長夫人と密通している男が社長を殺し、その直後に乗ったエレベーターがストップして宙吊りという、まさにスリルとサスペンスがいっぱいの映画でしょう。それなのに「チョー退屈」といわれると、こっちもチョー不愉快（笑）。

**鹿島**　白黒映画というだけで受け付けないですもの。そのくせ、フランス語を教えると、発音が上達するのはものすごく早い。

**奥本**　発音だけだけどね。

**鹿島**　しかも、フランス語の実用以外のことにはまったく興味を示さない。

**奥本**　ぼくの印象では、センター試験が始まったころから、学生がダメージを受け始めた。そして、それが年々加速する一方。

**鹿島**　あんなもの何のためにやっているんですか。

**奥本**　役人の「仕事」をつくっているだけでしょう。べつに教師は楽してません。

**鹿島**　むしろ、監督とかやらされて大変ですよね。

**奥本**　センター試験というのは、プログラムされていることに反応していくだけの試験で、官僚機構そのものに似ています。言葉を使って自分の頭で物を考え、相手に自分の考えを表明するというのがまったくない。むしろいけない。昆虫の反応と同じなんです。

よく理科離れというけれども、国語力の低下のほうがはるかにすごい。しかも、その国語力の低下は、いまや学生にとどまらない。若手の研究者が書いている本なんて、ほとんど全部学者の隠語。内容も空疎で、思想は借り物です。というのも、大学の研究者は紀要論文というものを書かないといけないわけですが、これがレフェリーもなければ、締め切りも枚数制限も何もないみたいなもので、まさに読者不在の世界です。だけど、それが一番の業績として評価されるんだからね。

**鹿島**　最近の文部科学省は、論文を幾つ書いたか、書いた論文のタイトルを報告しろと毎年いってくる。それはそれでいいのかもしれないけれど、単に書いたという実績が重視されるだけで。だれも読まない論文だろうと、内容は関係なし。何篇書いたか、そればかりだ。

**奥本**　内容にまで立ち入られると、もっと腹が立つけど。これが理科系になると、その論文が引用された回数の多い少ないが基準のひとつになっている。そうすると、低温核融合みたいな流行りのテーマを選ぶと、引用される頻度が高くなって、評価が上がる。しかし、その論文に意味があるかどうかは、まったく別の問題です。

**鹿島**　義理で友達の論文を引用することもありますからね。

**奥本**　文部科学省の締めつけに関しては、私立よりも国立の方が厳しくて、実際問題としてわれわれなんかリストラがもう目の前に迫っている。

**鹿島**　フランス語教師なんて、リストラの最たるものかもしれない。

**奥本**　若い助教授クラスの人たちはもはや完全に文学離れしているから、みんなして文学の部門はどんどん削ろうとする。私のいる埼玉大学でも、イギリス研究コースに英文学やっている人が一人もいない状態がずっと続いていましたよ。今年からはフランス文化コースも、文学は私一人だけというありさま。学生数が少ないから仕方ないじゃないかといわれたりもするんだけれども。

**鹿島**　でも、優秀な学生が少数来ればそれでいいんですよ。

**奥本**　たくさん来たらかえって困ったりして。皆が本気でやったら大変（笑）。

**鹿島**　文学が外道として迫害される方がまっとうなんです。そもそも全国に仏文学科があるということ自体がおかしい。

**奥本**　そういえば、ひところ、どっかの女子大で、一学年に一〇〇人とか二〇〇人学生がいて、世界最大の仏文学科とよばれていた時代があった（笑）。日本航空のスチュワーデスが世界最大のソムリエ集団だというのと同じようなレベルだな。でもね、われわれより十ぐらい上の、戦時中に小、中学生だった世代、あるいはその上の世代は、理科であろうと法科であろうと、文学作品、哲学書を非常によく読んでるでしょう。

だから別に文学部に来なくたってよかったんだ。スタンダール、サルトル、カミュを誰でも読んでた。今はそうじゃないからね。文学全集はいま古本屋の店頭でひと山いくらだから。大学生がインテリじゃないっていう、世界にも稀な国に、日本がなった。

**鹿島**　その一方で、いまの若い人たちはみんなメールでは物すごい量の文章を書いている。

**奥本**　文章の断片の垂れ流し。各誌の新人賞に応募してくる数もすごいからね。でも一作だけ書いて、あとは知らないというのが多い。紀行文学賞なんかだと、ヒマラヤに行って一年間ぐらいヒッピーみたいなことをした体験記みたいなのばかりくる。テレビに出たい、有名になりたいというのと変わらない。

**鹿島**　斎藤美奈子さんが、文学も今はカラオケになっているといってます。聞きたい人は一人もいないのに、歌いたいやつはいっぱいいる。

## 語学頭脳は一定容量

**奥本**　いまはさておき、明治以来フランスに対する強い憧れというのはずっと続いてきましたよね。われわれが習った、スタンダールが専門の小林正先生なんかはその典型で、フランスを手放しで褒めていた。逆に、戦時中に嫌な思いをされたからか、日本のことは嫌でしょうがない。でも、おいそれとはパリに行けないし、行ったとしても、ちょうど日本人がパリで一番つらかった時代だったでしょう。円も安かったしね。

**鹿島**　敗戦国民ですからね。

**奥本**　ところが、われわれの時代になると、実際にフランスを訪れるチャンスも増えるし、フランス人も同じ人間だということが見えてくる。そうすると、フランス礼讃の先生にはそれは気に入らないのね。ぼくたちが少しでもフランスの批判をすると、「君たちはそれぐらいしかフランスが好きでないのか」とよく叱られたもの。

**鹿島**　ぼくはまさに紛争世代だから、フランス語学習の状態はひどかった。avoir 動詞の活用に入ったときストライキ突入、授業が一年半なくて、再開したらいきなりポール・アザールのテクスト精読です。その間独学だから、ぼくらの世代は一番語学ができない。

**奥本**　日本語に敏感な人はある程度以上外国語ができないと思う。自己弁護といったら自慢になるけど（笑）。

**鹿島**　ぼくはそれを、語学頭脳容量定量説と呼んでいる。

**奥本**　格好いいね。それ貰った（笑）。

鹿島　日本語だろうと何だろうと、語学頭脳というのは容量が決まっている。日本語が詰まり過ぎると、外国語が入る余地がない（笑）。じつは、これ、フランス語ができない自分への言いわけなんですけれど。

奥本　日本語にデリケートな感覚を持っていると、外国語に変に夢中になるなんてことに羞恥心を感じる。母国語がいい加減で外国語ができるというのは滑稽だね。ぼくが中学くらいの時、ある女子大の先生で、いつも英語で手紙を書いて来る人がいてね、日本人だけどね、海苔を贈ったら、I found NORI most convinient. て礼状が来て。親父が笑っていたな。

鹿島　プルーストがラスキンを訳したというけれど、彼に英語ができたとはとても思えない。フローベルも、生涯英語ができるようにならなかった。

奥本　ボードレールが訳したポーだってあやしいと思うよ。

鹿島　要するに、語学がすごく堪能な人が優秀というわけでは必ずしもない。われわれの大先輩にあたるけど、鈴木信太郎さんのエッセイ読んでなんて下手くそだと思ったもの。それに比べると、辰野隆はうまい。

奥本　辰野隆と谷崎潤一郎は、ほとんど同級なんだよね。でもいま読むと、辰野先生の文章には、卓犖不羈（たくらくふき）なんてわれわれが見たこともないような難しい漢語が出てきて、古いなという印象を受ける。ところが谷崎はまったく古びてないんだよ。言葉を縦横無尽に駆使して、余すところなく描写する、あの能力はすごい。悪いけど、一流と一・五流の差かな。いや嵩（かさ）上げして、超一流と一流の差と言っとこう。

**鹿島**　谷崎の文章を旧仮名遣いと旧字使わずにだまってみせたら、現代文だと思いますよ。

**奥本**　鹿島さんのいる大学に永年勤めた河盛好蔵先生も、いろんな意味で二流の人だったよね。

**鹿島**　でも『人とつき合う法』なんて、二流の中の超一流の才能でないと、ああいう見事なものは書けない。「イヤなやつ」という章の最後に、「河盛好蔵という男」という項目があって、自己分析をしている。私は他人の幸福よりも不幸を喜ぶ根性の悪さがあり、自分はできるだけ怠けて、その功を自分だけでひとり占めしたいズルさと欲深さがあると。ここまで自己分析するとはすごいと思った（笑）。

**奥本**　オートポルトレの傑作？　河盛先生は堺出身で、ぼくはすぐ近く、同じ南海沿線の貝塚だから、先生の風土性というのがよくわかる気がする。京都人、大阪人の悪口というのは、これは凄い。言われた方が悪あがきして抗弁するとますます深みにはまったりして（笑）。その河盛先生が言ってたけど、プルタークの『英雄伝』を訳した河野与一は自信家で、しかも口の悪い人で、林達夫のことなんか、「林君にフランス語ができますかねえって、そんな感じだった」というんだね。怖いような話（笑）。でも河野訳の訳文はあんまり読みやすくないんだよ、これが（笑）。

**鹿島**　たしかに河盛先生からうかがった悪口はとてもおもしろかった。第一、先生は『人とつき合う法』で悪口は話の潤滑油になると礼讃している。

**奥本**　「文學界」で対談していただいたときに、サマーセット・モームの「雨」を中野好夫訳で読んでいると、ほとんど現地のこと調べてないんじゃないかと思うぐらい、いいかげんに訳しているとぼくが悪口をいった。河盛さんそのときは、「中野君は金にならないことを一生懸命調べたりしません」といってた。ところが、雑誌ができてきたら、「中野君がねえ、中野君はそういうとこ、最も誠実な人ですがねえ」というふうに変っている。ぼくは四十歳、先生は八十五くらいかな、チンピラがわめいているのを、大先生がたしなめている感じになっていた。

翌日、先生からはがきが来て、「勝手に直しまして大失礼いたしました」と書いてあった。中野好夫はもう死んでるわけだし、河盛先生ほどの大家なんだから、何いってもいいじゃないかと思ったけど……用心深いんだ。別にぼくは嫌いじゃなくて尊敬してますよ。あの方なんかは、思いきり金使って留学できた堺のぼんぼんで、恵まれた人ね。われわれみたいに、本買う金心配する必要なんかないもの。

**鹿島** 次男だったから、遺産を前渡しでもらっていたんでしょう。文学でも何でも、本当は遺産がないとできないんですね。

**奥本** 連想で言うと（笑）、井上究一郎先生にはずいぶんお世話になったけど、あの方にもちょっと変ったところがあった。君、きょう何してたって訊かれて、ホイットマンの『草の葉』を読んでましたと答えたら、フランス文学をやりなさいと大真面目に怒るんだよ。

**鹿島** 『失われた時を求めて』のあの翻訳読めば、そういう感じがしますよ。

**奥本** 本当に生活すべてがプルーストという感じ、あれぐらい打ち込んだ人はいない。室内から、庭の植物までね。

**鹿島**　でも、あれでプルーストの読者、日本でかなり減ってると思う。たしかにプルーストの文体には似ているけれど、日本語としてはとうてい読み通すことはできないでしょう。それはそうと、この前出版社の人から聞いて驚いたんだけど、いまだにフランス文学の研究書でいちばん売れるのはランボーなんですってね。

**奥本**　そりゃ、ランボーの研究書はどれも面白いもの。

**鹿島**　ランボーが砂漠に旅立った年齢ぐらいになると、普通ランボーもランボーの研究書も読まなくなるじゃないですか。結婚してからもずっとランバルディアンであり続けるのは、とても難しいことでしょう、奥本さんは例外ですが。

**奥本**　そりゃぼくはフランス文学に「イノチガケ」じゃないもの。いわば好きでやってるだけで。ランボーやる奴は「俺がランボー」って感じで、小林秀雄の亜流みたいな文章書くんだけど、ぼくははじめから一読者として読んでるし、それでこの齢になると、かえってランボーがよく解る気がするよ。

ランボーについて語学的に一番よく読んでおられるのは、篠沢秀夫さんだね。小林秀雄がどんなふうに誤解したか、文法的なところからきれいに解明している。ランボーの表層解釈とおっしゃっているけれども、語句や文章の解釈という点では実にすごい。

**鹿島**　フランスでごく日常的に使われている言葉は、やはりランボーの詩の中でも日常的な使われ方をされてるんですよね。それが小林秀雄だと、そこに世界をすべて凝縮して読んじゃうから。

**奥本**　「存在と無」なんていうときのエーテル être という、単なる be 動詞みたいな言葉を、ものすごく深刻な意味でとらえたりする人がいるよね。篠沢さんにはそういう誤解はない。最近出た『フランス三昧』は新書だけど、教わるところがいっぱいあった。学生時代にああいう講義を受けたかったね。

## パリの日本人

**鹿島**　いま渋沢栄一の伝記を書いてるんだけど、あの一身にして二世を経たるっていう激動の時代に生きた人ってのは、そもそもわれわれとはスケールがちがう……。

**奥本**　それは楽しみだな。彼はまさに天才だね。若い時にヨーロッパに行って、銀行や株式の仕組みから何から、パッと全部把握できてしまう。

**鹿島**　あの把握力はもう超人的です。でも彼の学問的基盤というのは儒教で、いわば四書五経だけでしょう。

**奥本**　四書五経にきわめて普遍的な思想が含まれていたということですね。

**鹿島**　しかもその儒教的な頭脳でフランスの当時のサン・シモン主義的な経済システムを理解しちゃう。

**奥本**　幕末の人たちの理解力のすごさというのは、もう想像を絶するね。じゃ、われわれの受けた教育は何だったのかと、自分でいいたくなる。あの人はどうなったのかな、慶喜の弟の徳川昭武。

**鹿島**　フランス語日記というのが先頃公刊されました。

**奥本**　全部フランス語なんでしょう。小さい時あっちに行ってるからね。

**鹿島**　一生懸命にフランス語勉強して、日記もフランス語で書けるようになった。なかなか立派なものです。

**奥本**　西園寺公望だって時期はかなり早い。彼はゴンクール兄弟とつき合ってますからね。

**鹿島**　あと早いのは前田正名。怪人モンブランといっしょにフランスに渡ったままパリに居ついちゃって、一八七八年の万博のときは事務局長みたいなことをやっている。彼は農芸化学に目覚めるんです。というのは、農芸化学は、フランスで唯一世界に誇れる学問で、醸造学と農芸化学だけはフランス留学生が多い。日本のお役所で一番フランス経験者が多いのは、農林省、いまの農林水産省ですよ。

**奥本**　「動物園」という言葉を造ったのは福沢諭吉らしいけど、福沢とほぼ同じ時期に訪れた田中芳男という人は、フランスの博物館やジャルダン・デ・プラント（パリの植物園）を見ています。彼のおかげで、日本の動物園や博物館は大英博物館やロンドン動物園ではなくてフランスがもとになった。

**鹿島**　上野動物園なんか明らかにフランスを模範にしてますね。ジャルダン・デ・プラントの動物園の柵の爪が内側に出ているのとよく似ている。

**奥本**　田中芳男はフランスに行ったときの切符から何から全部一つのアルバムにしていて、

それはなかなか貴重な資料てす。

**鹿島**　貴重な資料といえば渡正元っていうフランスの陸軍士官学校に留学していた人が、『パリ籠城日誌』といって、普仏戦争の戦時下を描いている。大山巌は観戦武官だったのに、実際には、現場に居合わせないで、この渡正元から借りて観戦記を書いたといいますよ。

**奥本**　夏目漱石の『明暗』に、「じゃ、巴里で籠城した組じゃないのね」「冗談じゃない」なんて、そういう会話が出てきます。そういえば、フランス好きに軍人の息子が結構いるね。陸軍幼年学校あたりでフランス語をやっていたのが、ぐれたりして仏文やったというようなことがある。大杉栄とか岸田國士とか。だいたい、明治十八年よりあと、陸軍のモデルがプロシアになったドイツ隆盛の時代にフランスに行くのは、挫折した人かひねくれた人が多い。

**鹿島**　あと、貴重なのは第二次大戦のときに日本に帰らないで、パリに残った人ですね。大倉商事でパリにいた大崎正二さんという人で、『パリ、戦時下の風景』というとても面白い本を書いている。

**奥本**　パリに行った日本人の事跡を調べるといろいろと面白いですね。パリはけっこう狭いから、日本人同士みんなつながりがある。

## 中国でうけるバルザック

**奥本**　仏文出身の物書きってたくさんいますよね。評論家なんか一番多いんじゃない。昔の小説家もフランスの小説を勉強してますね。

**鹿島**　大正以降は多いでしょう。それ以前はフランス語が読めなかったという事情もあるけれど英文出身の方が多い。

**奥本**　みんな英訳で読んでますね。でもゾラとかモーパッサンは別として、プルーストの影響って本当にあったのかな？

**鹿島**　プルーストの影響を受けたのは、中村真一郎とその周辺だけでしょうね。その点、スタンダールの『赤と黒』は日本人に合ったと思う。貧しい人間が、出世するという話だけれども、バルザッグとちがって、スタンダールは、あたかも金や下半身といった下世話なものは無きがごとき感じで描くからでしょう。日本文学はやはり武士の流れをくんでいるから、そういうバルザック的な話はきらいなんです。

　実はぼく、大学の卒論はクロード・シモン。一応アンチ・ロマンからスタートしたんです。そうしたら、ロブ・グリエがバルザックを盛んに攻撃していて、これは打倒すべき敵として読まなければと思った。

**奥本**　いまさらバルザックみたいな小説書いてもしようがないといい始めた人たちですからね。でも、アンチ・ロマンというのは、読むと退屈きわまりない。

**鹿島**　それで、バルザックの敵情視察をしているうちに、あのすさまじさに圧倒されて、そっちにはまってしまった（笑）。

**奥本**　バルザックというのは、いきなり金銭の世界に入り込んでいくでしょう。『ゴリオ爺さん』の娘たちなんか、許せないよね（笑）。

**鹿島**　フランス文学というのは、世界でもっとも利にさとい国民が書いた文学なんですね。バルザックは特にそう。書いてあるのは金のことばかり。

**奥本**　むしろ中国人の方がよく分かるんじゃない。『金瓶梅』だって、色と欲だけだもの。

**鹿島**　バルザックは中国では非常に人気があって、大偉人ということになっています。このあいだ横浜の中華街に行ったら、バルザックの肖像をかいた中国絵があった。井波律子さんによると、毛沢東でさえ金もうけの神様としてリバイバルしているそうです。

**奥本**　現代の関羽様、毛沢東像がなくなっても毛沢東廟ができるよ（笑）。フランスと中国はある意味でとてもよく似ている。ド・ゴールと毛沢東だって、パッと手結ぶでしょう。アメリカや日本は蚊帳（かや）の外だもの。逆にいうと、フランスがアメリカみたいな国力を手に入れたら、気持ち悪い。

**鹿島**　本当、悪い国になるでしょうね。

**奥本**　アメリカの帝国主義はかき割りみたいに裏が透けて見えて、結構みんな笑っているところがあるじゃない。これがフランスや中国みたいに、すきがなくて、歴史がある大人の国、そういう国の植民地になったら大変だ。

**鹿島**　フランスに帝国主義やられたら、無意識まで支配されてしまう。

**奥本**　そういう意味では、ヴェトナム人というのは世界で最も苦労した人たちといっていいんじゃないですか。

**鹿島**　世界に冠たる中華帝国とフランスに二重に支配されたからね。

**奥本**　しかもヴェトナム人は、ものすごく優等生。日本人が漢字を書いても、和臭というか、日本風の漢字になる。ところがヴェトナム人の書く漢字は、中国そのもの。ホー・チ・ミンは漢詩も書きましたしね。一方で、グエン・バン・チューとかグエン・カオ・キなんてフランス語で演説している。あんな風に外国語を実用に使うようなことは、日本では絶対ない。実にしたたかな民族ですよ。

**鹿島**　だからアメリカに勝ったんだな。

**奥本**　持つなら、ヴェトナム人の嫁さんですね。

**鹿島**　絶対に飢え死にしない。

**奥本**　そのかわり、本は売らされるよ（笑）。標本もね。

## フランス文学を禁止せよ

**鹿島**　最近読んだ『バルザックと小さな中国のお針子』という小説がとても面白かった。文革期に、二人の子どもが、映画さえ見た人間がいないような、とんでもない山奥に下放される。そこで同じように下放されていた友達が隠し持っていた西欧の作家の本を盗んで、その面白さにびっくりする。それを可愛いお針子の女の子に読んで聞かせるという物語ですが、少女の「バルザックの言葉が肌に触れると、幸せと知恵をもらえそう」という反応なんか読むと、文学の原点はこれだなと思いますね。

**奥本**　紙芝居といっしょで、そういう素直な感動が重要なんです。

**鹿島**　サルトルが「飢えた子どもたちの前で文学は可能か」と言ったけど、あれ実は、「飢えない子どもたちの前で文学は可能か」なんですよ。林芙美子の『放浪記』でも、食うや食わずでバーの女給やってるのに、サーニンというロシアの詩人の本を一冊大事に抱えている。人間飢えている状態がない限り、文学というものは成り立たない。飢えない子どもたちを前にしたら、文学は絶対的に無力です。

**奥本**　もっと飢えたら、その気力もなくなるけど。いっそのこと、フランス文学なんか読むのを禁止すればいい。禁止されてないから、読みたくないんだろうと学生にいったことがありますよ。いわゆるアプレ・ゲールが、むさぼるように翻訳小説を読んだり、映画を観たりしたのはそれだよ。

**鹿島**　ブラッドベリの原作をトリュフォーが映画化した「華氏451」というのがありましたね。あれと同じように、本を読んだら刑務所に放り込めばいい。文学だって映画だって禁止があったほうがいいものができる。ひと昔前のロシア映画や東欧映画のように、さまざまな規制があったほうが、優れた映画が生まれる。

**奥本**　練りに練ったアイディアが出ますからね。禁欲なくして快楽なし。

**鹿島**　岡本太郎の『芸術と青春』というエッセイ集が、このあいだ文庫化されたんです。そのなかで母・岡本かの子の文学について語っているんですが、すごくさえている。岡本かの子は特異な作家と思われているけど、そうではない。「文学に憧れる文学」という基本的特徴をそなえた、日本文学の極めて正統派だというんです。つまり、日本の文学を明治以来支えてきたのは、「文学に憧れる文学」だった。それが失われてから文学が成り立たなくなったわけ。

**奥本**　それと、想像力の問題もある。『少年ケニヤ』とか、ざら紙に刷った簡単な絵でも、そこから無限に広がっていく世界があった。それがいまは子どもの想像力の前に映像が立ちはだかる。視界いっぱいに。「ハリー・ポッター」みたいに、もう想像力を働かせる余地がないほど、これでもかこれでもかと次々出てくる。

**鹿島**　写真が登場したときも同じようなことがさんざん言われたけど、いまやそれどころじゃないですからね。

**奥本**　映画だとバーチャル・リアリティの世界が大画面に大音響とともに迫ってくる。スピルバーグなんか、本当にいけないなあ。

**鹿島**　そう、スピルバーグが映画をだめにした。

**奥本**　せめて、ウォルト・ディズニーぐらいまでにとどめてほしかった。

**鹿島**　漫画ブームもずいぶん前に終ったし、その次のゲームも峠を越した。ロックなんかも、いまはあまり活気がない。そのかわり、そういうジャンルの人が小説を書くと、町田康さんみたいに輝くことがある。それはすごくいいことですよ。日本の芸術の世界は異分野交流がなさ過ぎる。ジャンルが隆盛に向かうときって、全然別のことをやりたかった人が仕方なくそのジャンルに入りこむケースが多いんですよ。明治の物書きだって、武士のせがれと生まれながら、逆賊になってしまったからしようがなくというような人ばかりだった。初期のテレビが面白かったのも、物書き志望者が仕方なくテレビ局へ入ったのがほとんどだったからですよ。

**奥本** 初めからテレビ局志望だとだめなのね。既に出来てるものを目差したんじゃ駄目。

**鹿島** ジャンルの純化が行われると、そのジャンルは必ず先細りになる。テレビにあこがれるテレビになると……。

**奥本** 楽屋落ちばかりになる。

**鹿島** でも、あるジャンルで習得した方法論なり何なりを別のジャンルに応用するといいのであって、単にジャンルをかえただけではダメなんですね。それだと、本人の地か出るだけで、二つぐらい小説書いただけですぐ終ってしまう。

**奥本** 初期の小説家というのは、白樺派も含めてね、東大出の文学士みたいな人ばかりだったじゃない。そのうちに何というか、〝偏差値の低い人〟が小説を書くようになると、みんなショックを受けたでしょうね。ところが、いまやそれが全く当たり前になってしまった。むしろ小説家の学歴って低いほどいいんじゃない。

**鹿島** 今はそうですね。

**奥本** 漫画の原作もそうですよ。大学なんか出たら、それだけでいいものが書けなくなるっていう。学校なんか早くドロップ・アウトして、過去に何してきたか分からないような人がすごくいいもの書いたりする。でも小説の世界だけは、異分野の人が入ってきても、そのうちだんだん何となく角がとれていくんだね。

**鹿島**　小説家というのは外道のはずなんだけど、日本では小説家になるととても偉い人になる。地方自治体とかが、文化人として小説家を招いたりするもの。その人が道徳的にとんでもない小説を書いていても、小説家というだけでステイタスにおさまってしまう。

## リカちゃんは一・五倍

**奥本**　日本の場合、美意識みたいなものの根底に、やはり花鳥風月があると思うんですよ。川端康成の『雪国』なんて、人差指が一番よく覚えている、なんてけしからん小説ですが、宿の電灯に蛾が来るところなんかみると、細部に眼がすごくいきとどいている。ところが、今の若者は生まれたときからきれいなマンションに住んで、虫一匹いないような環境で育ってきた。日本人としては前代未聞の宇宙人生活ですよ。花鳥風月がなくなってしまったわけだ。俵万智さんの短歌なんかまさに典型的。コピーとしては実に上手だけれど、自然という奥行きが全く感じられない。

西洋の場合は、神や人種、階級といった問題がある。イギリスの小説なんか階級意識の問題ばっかりですよ。ほかにも、国境の紛争や戦争の切実な問題があったりする。戦後すぐは日本にも戦争の問題があったけど、現在は全くないわけ。それこそ中上健次とか在日朝鮮人の人たち、文学の題材に恵まれたといっては失礼だけど、そういう人以外は、書くものがなくなってきた。あとは狂気と老と病。

**鹿島**　漫画家のみうらじゅんさんは一九七〇年の大阪万博に熱狂した万博世代なんですけれ

ど、彼が非常にうまいことといっている。万博世代には、不幸なことに不幸がない。

**奥本**　真綿で首を絞められるような閉塞状況はあるんですよ。たとえば子どもだと、まず勉強部屋がある。本から机から全部そろっていて、家庭教師もつけられている。それで母親は責めてくるわけ。これだけそろえてあげているのに、あなたはどうして勉強ができないのと。それはもう追い詰められていて、逃げ場がないもの。金属バットを磨くようになるわけだ(笑)。

**鹿島**　以前は日本の家屋というのは全部障子で、子ども部屋は独立していなかった。ところが、戦後になって、団地の2DKしかない一部屋を子どもにあげたでしょう。

**奥本**　父親の書斎を犠牲にしてね。

**鹿島**　それによって、日本の文化は過去から断絶してしまったんです。団地の登場というのは、日本の戦後の文化の転換点ですよ。

**奥本**　暗い電球に卓袱台(ちゃぶだい)があって、子どもたちはそこで勉強してた。亭主が外で飲んだくれて帰ってくると、卓袱台を引っくり返して、奥さんが突っ伏して泣くというような場面を、日本文学はずっと書いてきたよね。でもいまは卓袱台という言葉がなくなった。

**鹿島**　あるとき文化女子大にたまたま用事があって行ったら、リカちゃん人形展というのをやっていて、これがすごく面白かった。なぜかというと、リカちゃん一家の生活レベルというのはその時代のごく平均的な日本人の一・五倍なんですよ。日本人の平均的な団地の広さが五〇平米(へいべい)のときには、七五平米の家に住んでいる。

**奥本**　ワン・ランク上だったわけですね。

**鹿島**　そう。ぼくは、これを「リカちゃんの一・五倍の夢」と勝手に命名した。アメリカのいろんなホームドラマをみても、日本人にとってだいたい一・五倍になっていて、それをモデル化したのがリカちゃん人形。戦後の日本人はそれに追いつこうと必死にがんばってきた。

**奥本**　不思議なことに、大富豪にはなりたいと思わなかった。

**鹿島**　でも、一・五倍には追いついてしまった。

**奥本**　一・五倍の夢が等倍になったとき、日本人のモチーフは失われたんです。ちょうどバブルの直前ぐらいあたりかな。それと同時に、リカちゃん人形自体もパワーを持たなくなった。いまの若い女の子にとって、ルイ・ヴィトンだとか、グッチやセリーヌは、もう一・五倍の夢ではない。一倍の夢。もはやフランスはあまりに遠しじゃなくて、あまりに近いから、行きたいとは思わないし、フランスに対してあこがれなんかゼロなんだ。

**奥本**　逆にフランス文化を変形して伝えているヴェトナムがブームだったりする。あこがれが植民地化している。やっぱり屈折してるんだ。

## 世界に冠たる微視的ポルノ

**鹿島**　いまラーメンの世界が大変なことになってるのを御存知ですか。ぼくは「ラーメン・ヌーボー」と命名したんだけどね。

**奥本**　和歌山ラーメンあたりまで知っているけれども。

**鹿島**　今はそういうのをとっくに超えて、トンコツと魚系というのをブレンドしたりして、凝りに凝りまくったものをつくるんです。それで雑誌とかのランキングで一位になったりすると、二時間、三時間行列になる。でもラーメンつくっている人たちというのは、実はサラリーマンと変わらないと思うんです。というのは、日本人の競争は要するに微差における競争なんですね。誰かが一人勝ちであと全員負けという世界じゃなくて、一から一〇〇位までずらりと並ぶ。

**奥本**　センター試験と同じで、超薄切りの世界だ。ミリ単位の大きさを競うオオクワガタ飼育の世界。

**鹿島**　ラーメンに限ったことではなく、日本人というのは、すべてにおいてバリエーション人間なんですよ。子どもの漫画もそう。限りなく最強の挑戦者が毎週あらわれたりする。風俗でも同じです。日本では一応建前としては売春を禁じられていますよね。そうすると、いろんな形での迂回売春が盛んになって、限りなく想像力を高めるさまざまな工夫がうまれる。

**奥本**　それが不思議に関西が発祥の地になる。漫才、演歌、野球、パチンコ、セックス産業……。日本のセックス・サービスのきめの細かさはマニアックに発達してる。それにポルノでも何でも微視的な方向にどんどんいく。あれは西洋にはないな。江戸の浮世絵に既にその傾向が出てるけど、日本人は、接写レンズみたいな目がすごく発達してるんですよ。やはり子どものときの昆虫採集が原因だな（笑）。

**鹿島**　日本の風俗産業って、世界に冠たるものですからね。

**奥本**　中近東の石油だって何だって、あれで獲得したという説もあるし。そういえば、日本には軍隊も建前としては存在しない。そのくせ自衛隊はありとあらゆる工夫をしている。

**鹿島**　政治も全く同じ。そこが日本の一番の悪い点です。だから逆に、たとえばセックスだと、迂回売春を全部禁止する。ただし、直接の性行為だけはＯＫ。そうすると、日本も健全化するかもしれない。

**奥本**　吉行淳之介がいったみたいに、「性交ありて情交なし」ということになるわけだ。やっぱり「セックスは交尾に戻れ」とでもいうしかない。

**鹿島**　それじゃなかったら、ぼくがいつもいっていることだけど、もう一回鎖国をする。そうすれば、すべてが解決されちゃう。石油が入ってこなくなれば、日本の産業も全部だめになるから。

**奥本**　農業が里山を生かす農業に戻る。自然が回復しますよ。

**鹿島**　江戸時代の二五〇年ちゃんとやってきたんだから、できないはずはないんです。

**奥本**　人口三〇〇〇万ぐらいまで減ると鎖国も可能でしょうね。その人口で、江戸時代は八割ぐらいが食うや食わずだったけど、現在のいろんな農業技術があると、みんながある程度食べられて鎖国できるかもしれません。

## 故郷のなまりなつかしモンパルナス

**奥本**　パリというのは行くとホッとするところですね。ほかの都市でそれを感じたことはないな。台湾なんか好きなんだけど。ラスベガスはうんざりしちゃった。文化果つる国だよ。その点、パリへ行くと……。

**鹿島**　あれは全く独特ですね。パリにいた時間というのは、パリに戻ったらつながるんです。離れたときから二年、三年経っていても、カッコにくくられたみたいに元の時間に戻る。滞在期間が長いせいだけではないような気がする。

**奥本**　パリはいろいろな人がいて、文字通り人種の坩堝（るつぼ）ですね。黒人もたくさんいます。

**鹿島**　黒人なのに、公務員として美術館の守衛なんかやっている人がいるでしょう。あれは移民ではなくて、海外県や海外領土、つまり独立しなかった旧植民地の黒人がフランス人として、働いているケースです。たいてい、グアドループとかマルチニークとかの人たちですね。日本では戦前、風呂屋はみんな新潟県人とかいって、職業別に県民性が出ていた。崩れているとはいえ、フランスはいまだにそれが残っている。有名なのが、税関吏はほとんどコルシカ人。

**奥本**　それはよくたちの悪い冗談にされる。

**鹿島**　カフェは全員オーベルニュ人とかね。

**奥本**　女中はブルターニュ人。ぼくが最初にパリに行ったころは、モンパルナスにはブルターニュ系の人の店が多かった。モンパルナス駅がブルターニュからの鉄道の終点なんですね。ああ上野駅。今はなくなってきたけど。

**鹿島**　なぜ上野にイラン人がたくさんいるのか調べたことがあるんです。要するに成田から一番安い京成の普通に乗ってきて最初に下りる都会が上野なんですよ。だからイランの人は上野にいついた。鉄道でやってきたブルターニュ人が、モンパルナスに多いのと同じです。

**奥本** 故郷のなまりなつかしがイラン語か。いまはパリもアジア系の人間が増えているから、食い物でも何でも日本人が暮らすぶんにはすごく楽。中華街もあるしね。

**鹿島** パリで最近、増えているのはインド系の人たちです。安売りの、ファンシーショップはみんなインド系です。

**奥本** そういえば、パリにも回転寿司ができましたね。「ロー寿司」という店に行ったな。

**鹿島** 回転寿司は世界中どこにでもありますよ。でもフランス人は、酢飯が食べられないから、ふつうのご飯で、しかもインディカ米。口に入れたときは愕然とします。日本人ではなくてみんな中国系の人がやっているんです。焼き鳥もそう。日本人が「ヤキトリ」という店を始めたら、そこで働いていた中国人が、判で押したようにそっくりな店を始めた。ムッシュー・ル・プランスという通りは、焼き鳥屋ばかり十何軒もある。焼きジャポ、ニポ焼き、トキョ焼き、スシ焼きというのまであった(笑)。

**奥本** 近頃はパリでは、日本の女の子たちがものすごく元気がありますね。そのうえ、いろんなことをよく知っている。

**鹿島** 体張って、とんでもないところへ行ってくる子がいるからね。『パリを遊びつくせ!』という本を書いた石橋美砂さんとにむらじゅんこｂ．さんは、レズビアンクラブまで突撃している(笑)。

**奥本**　うーむ、やるなあ（笑）。

**鹿島**　この本にはほかにも、いろいろおもしろいことが書いてありました。ルペンのフロン・ナショナルを支持しているお店のリストとか。観光船会社のバトー・ムージュとかスーパーマーケットのモノプリとかはルペン支持派。

**奥本**　モノプリは、外国人客が多いじゃない。それなのに経営者は外国人排斥の極右支持なの。

**鹿島**　ルペン支持っていうのは一筋縄ではいかない。ルペンはアルジェリア開拓民の出だけど、アルジェリア開拓民には二種類ある。一つはアルザス・ロレーヌ系。アルザス・ロレーヌがドイツに併合されたときに、フランスはそこの難民を全部アルジェリアに押し込んだ。もう一つは、南仏で一八七〇年代にフィロキセラの害というのがあって、ブドウ酒農家が全滅したときに、これもアルジェリアに送りこんだ。その二つの層がピエ・ノワールとしてフランスにずいぶん戻ってきている。彼らは過去のことをしつこく覚えていて、いまだにド・ゴールを恨（うら）んでる。

**奥本**　日本人は恨んでもいいところでも恨まないから。このぐらいさっぱり忘れる民族は、ちょっとないかもしれない。

**鹿島**　アメリカが来たら、その日からギブミー、チューインガム。あれは、アメリカ人にとってとても不思議だったようですね。

**奥本**　たしかにかなり無気味だったろうな。

**鹿島**　そもそも、もし元寇のときに負けてたら……。

**奥本**　ぼくもそれを考える。日本文化はずいぶん変わっていたはずです。大規模な地上戦が沖縄以外はなかったというのも相当影響をあたえています。

**鹿島**　空襲されたことはあるけど、空から爆弾が降ってきても、アメリカ人が自分たちを殺しているという意識はない。フランス語で戦死は être tué à la guerre、英語だったら be killed in the war つまり「戦争で殺された」というんですが、日本語にはそういう表現はないんです。戦死といっても、相手に直接殺されたことがないから、自然死としてとらえている。台風に年中襲われている国だから空襲も台風の一種だと思ってしまうのかな。

## 新書二二〇冊九千円

**奥本**　この前神田でファーブル昆虫記の第九巻の草稿がでたんですよ。価格は六百万円。一桁多いんじゃないかなと思ったけど、思いきって入札してみたら、結局、籤(くじ)に外れた。いまは、外れてよかったと思ってます。悔しくもあるけど。

**鹿島**　ファーブルは探せばまだけっこうあると思いますよ。

**奥本**　ファーブルのアルマスの研究所のある管理人が、かなり売り払ったみたいで、どうもアメリカあたりに今もあるらしい。

**鹿島**　不思議なことに、コレクターというのは、常に欠如感がないとやっていけない。コレクションというのは増していく足し算だと普通思うでしょう。ところが、そうではない。最終的にはゼロを目ざす引き算なんですね。

**奥本**　標本の場合、ラベルと空席を用意しておいて、そこに手に入れたチョウチョを刺していく。そうすると、標本箱が全部埋まるときがあるんだけど、なんだかとてもむなしい。そのうちに、また別の亜種なんかが出てくるんですけどね。

**鹿島**　コレクターが死ぬと必ず競売カタログというものがつくられて、コレクションはオークションでばらばらに散っていきますよね。考えてみれば、コレクターというのは、競売カタログをつくるためにひたすら集めているのかな。

**奥本**　死んでからの虚栄心というのもありますから（笑）。それにしてもフランスは古本屋が本当にしっかりしていますね。

**鹿島**　すべてのジャンルがありますからね。オリエント関係の本屋は、ぼくの知っているので三軒くらいある。

**奥本**　余り変なことをすると、その世界で生きていけなくなる。

**鹿島**　べらぼうな値段つけたら、もう破門状態。

**奥本**　バブルのときの日本は、画商も古本屋もひどかった。

**鹿島**　そのころ、荒俣宏さんとたまたま国際古書市の会場で会って話したことがある。このなかでポケット・マネーで買おうとしているやつ、どれぐらいいるんだと。みんな機関投資家ばかりだった。向うの古本屋も、ふだん自分が扱っていないようなフジタとか持ってきた。

**奥本**　日本だと、素人がいったん買うと二度と売らない。フランスは、素人がまた売るということ平気だものね。

**鹿島**　そうじゃないと再流通しないから。

**奥本**　日本人は、家族も親父の遺したコレクションを売らないくせに、大事にしない。きちんと保存しないから、日本の湿度で本の革がだめになる。

**鹿島**　ぼくなんかそのために家を建てたようなものです。というのは、いろいろ研究したら、マンションの結露を防ぐには、二重になっているペアガラスというのをそなえるしかない。当時一九八八年ごろには、日本の住宅でペアガラスにしようとすると、すごく高くついてしまう。それで、しようがないからアメリカの住宅をわざわざ輸入した。

**奥本**　あるとき書庫を見たら、真っ白な本が一冊転がっているんですよ。ロシアの本だったんだけど、布装ののりが湿気で半分溶けたような状態になって、かびがびっしり生えていた、びっくりしたな。

**鹿島**　自然ののりを使っている証拠ですよ。日本みたいに合成ののりじゃないんだ。

**奥本**　衛生害虫駆除法の本をゴキブリがかじっていたこともある。分かっているのかな（笑）。

**鹿島**　日本にいたことがあるパリの古本屋によると、湿気もいけないけど、もっといけないのは日本の乾燥だそうです。日本の冬はほとんど雨が降らないから、乾燥がすごいんですって。きちんと油を塗っておかないと、パリパリッと本の革が割れてしまうらしい。

**奥本**　フランスの本って、上等なのは上等だけど、ひどいのはパリッとすぐ割れる。一枚一枚、コピーとる時いいけど。でもコピーではひどい目に遭った。ミシュレの『昆虫』というきれいな挿絵入りの本をデザイナーに貸したら、背がグジャグジャになって返ってきた。

**鹿島**　本というのは半分しか開かない状態で読むのが当たりまえなのに、真ん中に影が出ないようにピシッと押すんですね。

**奥本**　大体、こっちが大枚払って買ったものをただでコピーさせろって、ずるいよ。そこで断わると、あの人ケチだとか言われる。

**鹿島**　あれは、みんな考え違いしている。

**奥本**　肖像権よりもっと大事なぐらいのものなんだから。

**鹿島**　それはそうと書評を担当するようになるまで、これほど献本が多いというのは予想してなかった。

**奥本**　献本したのに何も言ってくれないとか、礼状がないと怒ってくる人がいるでしょう。

**鹿島**　それは多いですね。自分で献本をたくさん受け取る身になるとよく分かるはずですけどね。

**奥本**　なかに「○○様恵存」なんて署名してることとありますよね。古本屋にうっかり売ったら、ぼくの学生が買っていたことがあった。でも、しようがないじゃないですか。「謹呈著者」の紙切れが挟んであるのが一番いいと、澁澤龍彦さんもいっていました。

**鹿島**　ただ、不要な本でも古本屋に売るというのはみじめなものですね。この間新書を二二○冊持って行ったら九千円だった。

**奥本**　新書で九千円はすごい。よほど状態がよかったんでしょう、読んでなかったんじゃない（笑）。
**鹿島**　それもあるでしょうね（笑）。著者が一生懸命書いて、編集者や校正の人が一生懸命チェックして、それがブックオフみたいなところに行くとタタキ売りだもの。悲しくなってくる。一昨年のクリスマスにたまたま近くの古本屋をのぞいたら、一冊百円でズラリと並んでいた。嬉しいことに、野坂昭如さんの『東京小説』という名作があったんです。あと、ミッシェル・フーコーの『性の歴史』一巻目と『東京バーテンダー物語』、これもなかなか珍しい本なんだけど、レジに持っていったら「はい百円です」というんだ。クリスマスなので特別サービス、三冊で百円（笑）。喜ぶより、怒りだしましたね。本に対する冒瀆だと。
**奥本**　内田百閒が汽車に乗ってて、途中で汽車賃が足りなくなったから、土地の質屋か古本屋に本を売って、そのお金で切符買って乗り継いだというような時代がなつかしい。
**鹿島**　昔は本と着物だけは、高かった。普通の学生が着ているような服でも、質草として通用したから。

## コレクションの女神に後ろ髪はない

**鹿島**　コレクションを長いあいだやっていると正統的なものがつまらなくなって、だんだんゲテモノ化していくという傾向がありますね。ついにはゴミみたいなものまで買ってしまう。ぼく自身の例でいうと、デパートで出している顧客用のアジァンダ、つまり家計簿にまでいっている。

**奥本**　だけど、それはそのときの時代の空気がなんともビビッドに伝わってくるから、実に面白いよね。

**鹿島**　小遣い帳のメモ代わりにしていたりして、きょうの買い物は全部で幾らだとか、その家の家計簿がわかる。小牧近江という人をモデルにした小説書いていたとき、一九一二年のメトロの一等料金がわからなかった。二等が十五サンチームというのは少し調べれば出ていたんだけど一等がわからない。しかたなく二十五サンチームと書いたんですが、とても気持ち悪くて、パリに行ったとき雑本屋で調べたら、ルーブルデパートの発行したアジァンダにちゃんと出ていましたね。

**奥本**　『艶婦伝（ダームギャラント）』という、ちょっとエッチな本だけど、すばらしくきれいな挿絵つきの立派な本を古書店で買ったら、なかに栞が挟んであって、レーニンの十月だったかな、共産主義の講演会のチケットだった。そういう硬い講演を聴く人も、一方でやはり楽しい本を読んでいるのかと思った。それがインテリなんだと思うな。新聞記事の切り抜きが挟んであるのもある。そういうのって、何かうれしいよね（笑）。それから、古絵ハガキも面白い。

**鹿島**　古絵ハガキはみんな表だけしか見ないけど、裏を読むと楽しい、個人の完全なプライベートな話が書いてある。

**奥本**　バカンスでどうのこうのとか、だれだれによろしくなんてね。

**鹿島**　あれも実に奥の深いジャンルです。

**奥本**　北京にいっしょに行ったときに、鹿島さんは真白な毛沢東の巨像を本気で値切ってましたよね。そんなもの買ってどうするんだときいたら、世界の独裁者のコレクションを庭に並べるんだという。この男は何だろうとおれは思った（笑）。

**鹿島**　百万円といわれて、買えない金額ではないなと思ったけど、さすがに運賃のことを考えてやめました。

**奥本**　あれはもう最後のチャンスだったかもしれないね。

**鹿島**　骨董の世界というのは、世界でこんなばかげたものを買うのは自分だけだろうと思っていると、必ずほかにもたくさんいるんですよ（笑）。

**奥本**　虫の世界もまったく同じ。こんな虫を集める奴いないだろうと思っても、これが、必ずいる。しかもその世界での競争の熾烈なことといったら。決まった相手だからなあ。

**鹿島**　ドレーフュス事件のときゾラなどのドレーフュス派の文化人を、ブタやゴリラになぞらえて描いた風刺ポスターがあって、まさにグロテスクの極みを古本屋で見つけたんです。うちの奥さんが見て、何かたたりがありそうで嫌だといった。しかし、これを買うのは世界でおれしかいないと思ったから買いましたよ。ところが、店を出て歩いていたら、すごい勢いで向こうからやってきた男がいて、「おまえそれ買ったのか」と血相を変えて詰問されたことがある。あれは決断力の勝利だったんだな。

**奥本**　そのとき買わないと、必ず後で後悔するものです。そして、二度とは出てこない。そのときに迷うようなら、もうコレクターはやめたほうがいい。

（２００２・11・26）
（「新潮」２００３年３月号）

## 風土から見る、食卓、恋愛、美意識

×内田洋子

**内田洋子**（うちだ・ようこ）
エッセイスト。兵庫県生まれ。イタリア在住。著書『ジーノの家』（日本エッセイスト・クラブ賞、講談社エッセイ賞）、『カテリーナの旅支度』『皿の中に、イタリア』『モンテレッジォ 小さな村の旅する本屋の物語』。

## 甘え上手なイタリア男性　臨戦態勢のフランス女性

**奥本**　イタリアっていう国は何だか混沌としていますね。北と南の要素が酢と油のように混在し合っているというのか。人々の気質も違うんでしょう？

**内田**　アラブ系、ゲルマン系といろいろな人種が交じっていますからね。

**奥本**　南仏も人種的には複雑のようですが、一応一体化している。が、イタリアは複雑さが目に見えるようですね。半島って民族の通り道なのでね、そういう場所の民族って複雑ですね。蛮族の侵入を受けて皆殺しにされたり、みんな大変な目に遭っているから。

早稲田大学の創設者の大隈重信はかつて雑誌に掲載した「日本民族は優等人種か劣等人種か」という文章の中で「日本人は肌の色も汚いし容貌も醜い、知的にも劣っている」なんて自虐的な発言をしているんです。こんなことをヨーロッパで言ったら「じゃあ、消えてなくなりなさい」で終わりですよ（笑）。

憲法九条の話にしても、きっと「素晴らしい詩だ」って彼らは言うと思いますね。日本は日本海という大きなお堀のおかげで外敵の侵入にも遭わなかったし、街を囲む城壁なんてものもない。こんなナイーブな、幸せな民族っていないでしょう。こういう資質って、夫婦関係や人間関係にも現れるんじゃないでしょうか。

**内田**　まあ、イタリアもちょっと自虐的なところがあるんですけれどね。食卓の話題になると、自分の郷里(くに)がいかにダメかって盛り上がるんですよ。でも外国人の私がそれに相づちを打つと急に盛り下がる(笑)。

**奥本**　そういうところ、京都っぽいなあ。私の母親も「京都みたいなとこ、ちょっともええとこやあらへん」て言ってたけど、ほんとは違っていて絶大な自信があるんですよ。

外からイタリアを見ているぼくらには面白いことばっかり。内田さんの新刊『どうしようもないのに、好きイタリア　15の恋愛物語』を読ませていただいてこの主人公たちってすごいな、どこか羨ましいなと思いましたよ。

毎朝、コーヒーと自作の詩を奥さんのベッドまで届けるという男が出てきますよね。料理ができているのにいきなり裸足で出て行って花の手入れなんかしているとか、不思議な人ですよね。

**内田**　そういうポエティックな人なんですね。

**奥本**　幸せそうな毎日なのに最後は別れちゃう。イタリア人の老後って幸せなんですか。

**内田**　年長者を敬うような儒教的な考えはゼロですから、老いを誰に見てもらうかが今、都市部でも相当な問題になっていますね。

**奥本**　みんな自分勝手だしねえ。旅行で滞在するならいいけど、長く住むのは大変だ。

**内田**　先生がよくいらっしゃるフランスはいかがですか？

**奥本**　ぼくは南仏で虫採りばかりですけどね、フランス女性はいつも喧嘩する用意をしている話し方をしますね（笑）。だからか、日本人女性と結婚するフランスの男性は、フランスでやっていけるの？　と思うような優しそうないい人が多いですね。

気持ち悪いけど、イタリアの男は甘え上手ですよね。一生甘えられる「マンマ」の影響なんでしょうか？

**内田**　イタリアには「どんなゴキブリにも母がいるように、どんな子どもにも母がいる」っていう諺（ことわざ）があるんですよ。どうしようもない奴にも無条件に愛してくれる母がいるという意味ですね（笑）。

**奥本**　へええ。他にもふらーっと出て行ってしまう男とか、結婚したことさえ忘れてしまう男とか出てきますが、女性が強いフランスでは成り立たない話だなと思いましたよ。

**内田**　イタリアの男は五十だろうが、六十だろうが離婚したら必ずママの元に戻ります。女性はこれでせいせいしたって感じなんですけど。結婚していてもママが息子のところに洗濯物を取りにきたり。味つけもママが一番だから嫁姑戦争がいつもあります。日本だとお味噌とか塩加減でしょ。イタリアだとオリーブオイルとトマトの使い方でもめるんです。

**奥本**　手前味噌みたいに手前オイルがあるのかな（笑）。オリーブはやはり南部が主な産地ですか？

## おいしさを感じるのは　土壌と気候、空気の乾燥具合

**内田**　オリーブオイルの産地の北限は北イタリアのガルダ湖という場所なんですけどね、標高は高いけれど温暖な気候で風が抜けるんです。だからオリーブの天敵であるコバエが葉っぱにつかないために上質なものが生まれます。

**奥本**　ハモグリバエみたいなのかな。オリーブの出来を決めるのは花粉媒介するハチですか？

**内田**　そうです。オリーブ畑のまわりにどんな果物や花を植えるかが農園のコツで、これは企業秘密にもなっています。土壌を作るという意味では微生物も大事なんですよね。

**奥本**　ふつうあんまり言わないけどすごく重要ですよ。

**内田**　イタリアをはじめヨーロッパ各国ではそれに気づき始めて、もう一度川を復活させてそこから微生物を発生させようという動きがありますね。

**奥本**　大事なことですね。そこへいくと日本には河川改修を金儲けと考えている人が多い。川も海もコンクリートで固めてしまってまるで水洗便所のようです。

**内田**　来年（二〇一五年）ミラノでは万博（国際博覧会）があるんですけど、テーマは「食」なんです。各地の土壌を見せることを目的に、食べ物や農作物を紹介しようというのが深意でしょう。

**奥本**　へえ。

**内田**　ご存じのように、イタリアはこれまでデザインで勝負してきました。工業デザイン、

ファッションはフランスに負けるなという感じで。でも環境保全のためにメイド・イン・イタリアの方向をデザインから食に変えていこうという動きになってきているわけです。

**奥本**　食べ物といえば、ぼくは今度の本（『虫から始まる文明論』）で書いているんですけど、外国の食べ物や飲み物を日本に持って帰ってきても、ぜんぜんおいしく感じられないことが多いのはなぜなのかということですね。気候や水や乾燥度が関係しているんでしょうね。

さらにその場の雰囲気。その国の言葉を聞きながら食べるというのがいちばんおいしい。

**内田**　それはありますね。実は私は二十年ほど前から毎年夏の終わりにギリシアのロードス島に行くんです。あそこは古代から船着き場として栄えたところで豊かな湧水の地です。

**奥本**　あそこには昼間に飛ぶ蛾がいるんですよ。

**内田**　そうです、そうです。「チョウの谷」といわれる場所があって行ったことがあります。アフリカから飛んできて産卵した後にずっと木に止まって飛び立つ季節を待つという……。止まっているときは白黒のバッテン模様。

**奥本**　開くと赤いんです。

**内田**　そう、よくご存じで。

**奥本**　誰と話していると思ってるんですか？（笑）。

**内田**　あはは、ごめんなさい（笑）。そこから南下した場所にスイカの産地があるんです。オスマントルコに攻められてこの地に逃げてきた古代ギリシア人が自分の島から持ってきた種を植えたものです。

**奥本**　丸いスイカですか？　ラグビーボール型？

**内田**　やや楕円形ですけど、日本のスイカに似ていました。これが甘くておいしい。向こうの人は蜂蜜をかけて食べるんですけど。これをイタリアで植えてみようとミラノ近郊の農家に頼んで種を蒔いてみたんですけど、味がぜんぜん違うんです。

**奥本**　土でしょうね。日本にも京野菜とか大阪の水茄子ってあるじゃないですか。あれは他所では出来ない。

## それぞれの国で好まれる色や形は昆虫のデザインとも関係する!?

**内田**　先生に伺いたかったんですが、イタリアの昆虫の特徴みたいなものはあるんですか？

**奥本**　地中海世界、ユーラシアに北アフリカの要素が交じったものですね。やはり乾燥地の生き物ですね。

　イタリアではクワガタムシのすごいコレクターがいましたね。それから南米産の金属光沢のチョウが好みなのか、このコレクターも多いですよ。だいたい、その国の人の色の好みと虫の形は関係があるんです。

**内田**　なるほど、光沢のあるブルー「アズーリ」ですね。サッカーの代表チームカラーと同じです。

**奥本**　イタリアは植生があまり豊かとはいえないでしょ、オリーブかブドウじゃないですか。何千年来の牧畜と農業で自然を搾取し尽くした。

今、サルデーニャ島に行ったら確実にフンコロガシが見られるかな。

**内田**　サルデーニャはコルク樫が多いですね。

**奥本**　そう、コルク樫にはミヤマクワガタがいます。夜、電灯をつけて採集すればいっぱい採れますけどね、確実に警察も来ますね。

**内田**　不審者ということ？

**奥本**　夜中にゴソゴソやっていたら、説明しても分かってもらえないです。スペインでは、憲兵が来て鞄の中を見せろと言われました。三角紙という採集用の紙の中にチョウチョが折り畳まれて入っていたので、フンなんて言ってた。これがピストルのケースに見えたんですね（笑）。

それにしても昔の日本の昆虫の数はすごいですよ。そして日本人というのは虫を実に細かく見ています。

**内田**　着物の柄とかいろいろなデザインにも取り上げられていますね。

**奥本**　歌舞伎にも土蜘蛛（つちぐも）を妖怪に仕立てたのがあるでしょ。怪獣やヒーローも昆虫をヒントにしているものがある。仮面ライダーなんてバッタですよ。

**内田**　バッタがヒーロー！（笑）。

**奥本**　日本人の目は接写レンズのようだと思います。工芸の世界では「自在」って置物があるでしょ、鉄製のやつね。あれによく昆虫やヘビ、カニ、魚などがモチーフになってるんですが、あの細工が明治時代のはすごいですよ、関節や羽、鱗とかが全部動くんですから。

**内田**　知り合いのお医者さまも言っていました。昆虫の関節はすごい、勉強になるって。

**奥本**　骨が体の外側にある。

いま書いている『虫から始まる文明論』（仮）という本に載せる図版をちょっとお見せしましょう。このカブトムシ、タイのものなんですが日本のと違ってツノが五本もあるんです。そしてこれがタイの寺院。形が同じでしょう。屋根の装飾も微妙に歪んでいて直線がないんですが、タイの昆虫の形も似ています。

**内田**　ほお……。DNAに組み込まれているんでしょうか。

**奥本**　DNAとまではいかなくても、その育ち方の共通性というんでしょうか。チョウチョと鳥が同じ色や模様をしているという例もいっぱいあって、南米ではアグリアス（ミイロタテハ）というチョウの配色が赤・藍（あい）・黒でコンゴウインコとそっくり。ほら、これなんかシマウマと同じ模様をしたアフリカの甲虫ですよ。コンゴの密林にいたのはオカピとそっくりの甲虫です。

**内田**　うわあ～。よくお集めになりましたね。

**奥本**　もうね、こういうことをずっと朝から晩まで考えているわけです（笑）。ルイ・ヴィトンはなぜ日本で売れると思います？　これは日本の家紋だからですよ。

**内田**　本当だ。

**奥本**　一八六七年のパリ万博のときに、彼らは日本の家紋を見たんでしょうね。それがヒントになった。

ではなぜ日本人が家紋をデザインに応用できないかというと、家紋の意味が分かるからです。違った家の家紋を同じひとつのカバンにデザインするなんて、そんなメチャクチャなことはできないと（笑）。こんなこと書いているとだんだん面白くなってくるんでね。

**内田**　これはもう何枚でも書けそうですね。奥本先生とお目にかかることになって、今、刊行中のご著書『完訳ファーブル昆虫記』も読ませていただいているんですけど、ファーブルは日本でだけ有名っていうのは本当ですか。

**奥本**　ヨーロッパのどこの国でも、晩年から死後しばらくは人気があったけど、もう今は忘れられていますね。フランスでもゆかりの地のアヴィニョン近辺では郷土の偉人とされていますが、よほどのインテリでないと普通の人は「誰？」って感じです。ぼくが訳したファーブルの本は、今は韓国、台湾、中国でも翻訳されていますが。

**内田**　奥本先生のご功績ですね。二月に刊行予定のご著書も楽しみに待っております。

（「kotoba」no.18・2015年冬号）

# ゴリラと虫から世界を見る

×山極寿一

**山極寿一**（やまぎわ・じゅいち）
霊長類学。一九五二年生まれ。著書『家族進化論』『父という余分なもの：サルに探る文明の起源』『「サル化」する人間社会』『ゴリラからの警告』。

## フィールドが見せる共鳴の不思議

**山極**　今日は知識の宝庫みたいな奥本先生が相手なので、何でもお聞きしようと思っています。

**奥本**　妄想の宝庫。謙遜ですが（笑）。『虫から始まる文明論』にも書いたことで先生に伺いたいのですけれど、たとえば、タイの寺院の意匠は、同じ仏教でも、日本のお寺とはずいぶん違いますすね。この形と色彩は「ああ、ゴホンツノカブトだ」といきなり思ったんです。それからタイ中にあふれている曲線ですが、あれは現地で幸福の象徴として尊敬されているゾウの鼻にも似ています。それから、チョウの好きな人のことを昔、イギリスでオーレリアンと言いましたが、これはラテン語の「金」（アウルム）からきているんですね。ヨーロッパにいるタテハチョウの蛹は金箔を貼ったような姿をしています。ところが、タイのマダラチョウの仲間の蛹となると、顔が映るぐらいもうキンキラキンです。ダイヤモンドビートルという名前でイギリスに輸入されたブローチハムシも金属光沢をもっています。タイのお寺で金箔を貼り重ねられている仏像もそうなんです。また、シャムオオキバノコギリカミキリの怖い顔は、ヴィシュヌ神を乗せるガルーダと同じです。どうでしょう、牽強付会(けんきょうふかい)もここまでくると、ほとんど学問(笑)。

**山極** すばらしい発見じゃないですか。

**奥本** 山極先生の研究センターのあるアフリカのコンゴ(旧ザイール)に行くと、イトゥリの森に棲んでいるオカピと、ゴライアスという世界最大のハナムグリ、オオツノハナムグリが同じような縞模様とチョコレート色です。

**山極** ゴライアスか! ゴリラの調査中に捕まえましたよ。あの辺はたくさんいるんですよ。

**奥本** それは羨(うらや)ましい。そのあたりのチョウではいちばん幅をきかせているフタオチョウとシマウマの模様、それに現地の人が作っている楯の模様も、同じ趣味。他の世界にはこういうパターンのものはないですね。

　同じ風土にいて、同じ光を受けて、同じ植物を食って、同じ土の上で暮らしていると、自然に生き物も同じ色・柄・形を作るようになるんじゃないかと考えております。鳥もチョウも、ジャングルの中にいて目立つと食われてしまいますから、本当は目立ちたくないんですけど、メスにモテたい一心でこういうことをしているんではないかと思いますね。自然物というのはいくら拡大してもまだその先があって、宇宙のほうを天体望遠鏡でずっと遠くまで見ると、どんどん広がっていきますけれど、顕微鏡で小さいものを見ても、やっぱりまだ果てしなく先があるのが面白いですね。

**山極**　その土地の色や自然の形に人間も大きな影響を受け、建造物や暮らしのなかにいろいろと反映させていく。まさに風土みたいなものだと私も思います。

私はずっと長いことゴリラの研究をしてきたわけですが、それとかかわるような面白いことに出合ったことがあります。コンゴ東部のカフジ山麓では、もう五十年前にヒョウがいなくなっている。私が付き合っていたゴリラは生まれてこのかた一度もヒョウを見たことがないんです。

あるとき、テレビ局の撮影クルーがやってきて、小さなヒョウのぬいぐるみを見せようとしたので、私はそういうことはやめてくれと言ったんです。ところが、偶然、リュックの中に入れていたヒョウの柄がチラッと見えちゃった。するとゴリラたちが突然、飛び退って、ものすごく緊張し、クルーが慌ててリュックを投げ出すと、ゴリラたちがそこに恐るおそる近づいていって、そのヒョウのぬいぐるみに触ろうとするんですね。その柄が危険なものだということが、すぐ反応できるぐらいに、彼らの心の中、遺伝子の中に埋め込まれているということでしょう。だから今、奥本先生がお話しされた、まさに自然の色や柄を取り込むというのは、われわれ人間もそうやって古くからその土地の色や形を心のなかに投影して生きてきて、その強いインパクトを自然のうちに造形にも表してしまうんじゃないのかなと思いました。

**奥本**　うーん、もっと早く山極先生にお会いして今の話を伺っておけば、私の本も二倍ぐらいの分量になったのに（笑）。

**奥本**　ゴリラが発見された初期は、まるでイエティのように、人間なのか動物なのか分類しがたかったんじゃないですか？

**山極**　ええ。一八六一年に探検家ポール・デュ・シャイユが『赤道アフリカの探検と冒険』という本を出したのですが、その記述を見ると、現地の人はゴリラが森からやってきて人間の女をさらっていくと畏(おそ)れているという描写があって、「キングコング」のように喧伝されたようです。

でも、これには捨てがたい話もありましてね。オスゴリラは人間の女性と相性がいいという印象が、人間にもゴリラにもあるらしいんです。今、世界の動物園でゴリラの飼育員になりたがるのは女性が多く、野生ゴリラの研究者も三分の二以上を女性が占めます。ゴリラはすぐに性を見分けるので、たとえ短髪にしてジーパンをはいていても、女性だとすぐに見抜き、反応を変えます。動物園のゴリラのなかには、男性に対しては胸を叩きますが、女性には別の態度で接するオスがいます。

**奥本**　野生ゴリラの女性研究者ダイアン・フォッシーさんのことは、映画『愛は霧のかなたに』（一九八八年）にもなりましたね。

**山極**　はい、オスゴリラとフォッシさんの触れ合いを描いた、とても感動的な映画です。ただどうしても「美女と野獣」というふうに作られてしまうんですよね（笑）。

**奥本**　なるほど。そのマウンテンゴリラの生息地の保護を目的としてヴィルンガ火山群の一部が国立公園に指定されたんですね。どのぐらいの規模の場所なんですか？

**山極** 広いですねえ、活火山が二つ、それから休火山が六つ。七八〇〇平方キロメートルぐらいで、なぜか活火山のほうにはゴリラは棲んでいません。いちばんの高所で約四五〇〇メートル。三〇〇〇メートル級の山々が六座連なっていて、もちろん雪は積もりますけれども、その下はずーっと赤道直下の熱帯雨林が広がっていますから。

**奥本** その下でじっくり観察しておられるのですか。

**山極** そうです。山小屋に泊まったり、テントを張ったりして。

**奥本** 虫が飛んでくるでしょ（笑）。

**山極** 虫との戦いです。ハリナシバチ、ゾウダニ。でもね、ちょっと自慢したいのは、夕方、日が落ちようとするときに、向こうからとても豪華なチョウがサーッと滑空して目の前を旋回していくなんていうことがあるんですよ。これは、もういつ死んでもいいみたいな美しさですね。

**奥本** はあー。つくづく羨ましい。

**山極** ものすごく大きいです。ザルモクシスアゲハでしょうね。鳥に見間違えるんです。それがずーっと滑空してるんですよ。

**奥本** 自分の値打ちがわかっているチョウというのは自分を見せびらかすように、堂々と来ますよねえ。谷間の王様という感じ。

**山極** ええ。あれは捕虫網を持っていても捕らえられないんじゃないかというほど荘厳な気がします。それと、あのゴライアスオオツノハナムグリは太い木に固まっているんですよ（笑）。なんでこんな模様ができたんだろう、なんでこんな色がこの世にあるんだろうと思うぐらい美しいですよ。

**奥本**　もし余命ひと月だと宣告されたら、絶対にゴライアス採りに行きたいですね。あとはやっぱりニューギニアのトリバネアゲハですね（笑）。

## みんな〝昆虫少年〟をカムアウトしていた

**奥本**　山極先生は昆虫少年でしたか？

**山極**　いや、実は私の姉が昆虫少女で、いつも目の前で毒瓶を持って歩いていて、昆虫を捕まえては標本にしていたのが私には残酷に思えて、トラウマになってしまいました（笑）。

**奥本**　『堤中納言物語』の「虫愛づる姫君」じゃないですか。

**山極**　だからいまだに独身です。

**奥本**　「だから」って、その接続詞、なんですか（笑）。

**山極**　私自身は探検好きで、高校のときからもう山歩きが好きで、宇宙飛行士になりたくて宇宙物理をやろうかなと思ったんですよ。

**奥本**　虫は専門にすると、農学部か理学部で細かいことをやらされますし、趣味で採って珍しいとか美しいとか、そんなんじゃ許されないですからね。昆虫学者は虫を楽しめないですよ。

**山極**　そうでしょうね。しかし養老（孟司）さんが虫好きだったんですよね。

**奥本**　だから、ずっと隠れ虫屋だったでしょ？　ある時期カミングアウトした（笑）。昔は「きみ、そんな趣味的なこと止めなさい」と大学で怒られたものですから、隠れ虫屋は多かったんですよ。

ところで、『ファーブル昆虫記』も『シートン動物記』も発表当時は、西洋社会の中でたいへんな反発を受けましたね。人間と動物との間に厳然と線を引いていて、擬人化するなんて絶対受け入れられませんでした。動物にも社会があるなんて当時は考えられず、学術論文にああいうのを入れると、むしろ学者生命を失うぐらいの時代でした。

**山極**　シートンはものすごく迫害されましたからね。

**奥本**　霊長類学を世界的にも先導した今西（錦司）先生が、動物の一頭一頭に名前をつけて個体識別をしたジャパニーズメソッドを作られたときにも、西洋人の反応が面白かったですね。非常に反発した。ダーウィンの進化論並みのショックだったでしょうね、科学者の本心から言えば。そうした批評に晒されながらも成果を上げ、無給講師のようなかたちで好きなものの研究を推し進めたことが、初めての学術的な海外遠征やフィールドワーク、山歩きの伝統などのさまざまな新天地を拓きましたよね。戦前の大興安嶺とかね、ああいうところへよく行かれたと思います。まさに探検博物学者ですね。

**山極**　大興安嶺、白頭山、当時、あの辺りは本当に未踏の地で、危険でしたからね。今西さんはシートニアンだったんですね。ちょうど『シートン動物記』のように、サルとかウサギに名前をつけて、科学者としてその行動をつぶさに記録したのです。鴨川でヒラタカゲロウの棲み分けを実証したり。

**奥本**　そういえば梅棹（忠夫）先生ともお会いしたことがあるんですよ、最晩年に。シャジツベニヒカゲなんていう山の名前をとったジャノメチョウの思い出話を伺いました。

## 動物に憑依したり、小さくなって異界に遊べる日本人

**山極**　日本は八百万の神の国ですから、日本人には、人間がミノムシみたく小さくなったり、動物になったりすることをわりとすんなり受け入れる土壌がありますよね。あるいはまた、日本では、虫になって虫の目で世界を眺めて、聞き耳を立てて秘密を聞いてまた戻ってくるようなお話がありますよね（笑）。

**奥本**　浮世草子の「豆男（忠実男）」みたいなね（笑）。異類婚姻譚もあるでしょう？　ツルの恩返しや雪女、キツネの嫁入り、タニシの女房（田螺女房）とか（笑）。中国でも孫悟空が毛を抜いて、フッと吹くとタタタタって孫悟空の分身が出てきて、そのちっちゃいのが敵の腹の中に入りますけどね。兄弟魔王の金角・銀角の瓢箪の中に入り込む話もある。

**山極**　ヨーロッパでは悪魔に魔術をかけられて人間が動物になるんですけど、動物が人間には絶対になれませんよね。

**奥本**　古代ローマの『黄金のロバ』という話で変身譚がありますけども、それはキリスト教時代になると異端ですね。下手にそういうものを書くと火あぶりですよ。非常に例外的にフ

ランス文学の中でいちばん最初に出てくる虫のキャラクターはコオロギですね。十二世紀後半の『狐物語』の中に登場します。あとは少ないですね。動物に魂があるっていうのがまずいんでしょうね。

**山極**　『創世記』の話にまで遡って、人はやっぱり神に似せて土や塵で創られたという観念があるから、それ以外のものはその前に創られたのであり、そもそも魂がないんでしょうね。

**奥本**　神が自分の姿に似せて、聖なる息を吹き込むでしょう。動物には息が吹き込まれてないんですね。その点、日本人は体を縮小する。『ドラえもん』や手塚治虫のマンガにもそういうアイデアがありますが、その世界になんの違和感も覚えませんからね。『ミクロの決死圏』(一九六六年)というアメリカ映画も手塚治虫の漫画がなければ生まれえなかったんですよ。

**山極**　あれはそうですか。今西さんが「縮尺の法則」といって、規模を変えて自然を眺める視点というのが重要なんだと言ってましたね。手塚さんもペンネームを治虫、オサムシからとったわけだし、しかも医者ですからね。

**奥本**　昆虫少年が医者になった。

**山極**　昆虫少年で医者だったから、人間の臓器がどうつくられているかもよく分かっているし、そこをミクロの目で見るとどうなるかも分かっていたから、それを虫の目で見ることもできたんじゃないですかね。

## 植物とチョウが共進化できる自然界の謎

**山極**　話はまた戻りますけど、虫の立場になると、目立つと捕食者に見つかって食べられちゃうのに、きれいに着飾っているのはオスだけですよね。オスはなんであんなにコストをかけてまで、メスに目立とうとするのか。昆虫はこれが不思議やなあと思っていました。

**奥本**　まさに己が姿を誇示するように飛びますしね。

**山極**　本当にすばらしい色をした昆虫たちはやっぱり熱帯が中心地ですね。実はそのいろんな昆虫たちと被子植物とが一緒に進化をしているんですね。被子植物は顕花植物で、熱帯産の被子植物は風媒花ではなくて昆虫に花粉を運んでもらう。そうしたらたくさんの花粉を生産する必要はないわけで、植物はその花に来てもらう昆虫を選んで花粉を出しているんですね。だから植物とチョウの間の共進化があります。

でも考えてみたら、とくに樹木なんか数百年、数千年生きる個体があり、一方でカゲロウのように数日で世代が入れ替わる昆虫がいて、どうやって共進化をするのか。それがよく分かりません。しかもさっき先生がおっしゃったようにその地域に特別な模様を生成して、それぞれの植物に対してディスプレイしているわけですしね。

**奥本**　十七年または十三年で成虫になり大量発生する周期ゼミも、繁殖の智恵なんでしょうね。

**山極**　そうですすね。他の年数ゼミとの交雑を避けるためと言われていますね。でも不思議なのは、数というものをどうやって導き出したのか。たかが一つひとつの種の生物の生存戦略なんですが、それがこう有機的に相関があると、非常に調和のとれたある数式モデルに表せるような系ができあがるということだと思うんですよね。

## 家族型＝ゴリラ、共同体型＝サル、全方位外交型＝ヒト

**奥本**　進化ということで、先生の本にはゴリラが勝敗にこだわらないとありましたが。

**山極**　ニホンザルだったら喧嘩が起こったら勝負を早く決着させる。そのほうがもう喧嘩をする必要がなく経済的だから。逆にゴリラは勝者をつくらず、引き分けます。これはボスとリーダーの違いなのですが、サルは共同体で生きるボス型で、強いサルが弱いサルを力で威圧して、群れの秩序をつくっています。

一方ゴリラは依怙贔屓（えこひいき）が当たり前の家族集団を母体としたリーダー型で、集団の中で何かトラブルが起こると、リーダーがまあまあとみんなを押さえにかかって、個々を調和させて群れの安定を図る。あるいは外敵が来たら前面に出て自分の体を張ってみんなを守るというのが仕事です。とくに子どもを守るのはリーダーの役目で、メスたちは子どもを捨てて逃げちゃうので、リーダーがみんなの期待に応えるように動きます。だからゴリラというのは人間社会よりもずっと先を行っているのではないかなと、私は思っているんです。

**奥本**　ゴリラと人間との間にはどんな違いがあるのですか？

**山極**　系統図でいう遺伝的距離は、ゴリラはサルより人間に近いわけですね。われわれが日常的にやっていることで、サルに絶対できないことがあります。たとえば、机で向かい合っ

て一緒に食事をするというのはサルには絶対できない。だけど、ゴリラはできる。ただ、自ら食物を運んできて、仲間と「さあ、一緒に食べましょう」と提案することはゴリラにはできないんです。その間に何百万年という大きな進化の時間のギャップがあるんですね。食物を間に置いて食べるか、あるいはわざわざ持ってきて相手にそれを与えて一緒に食べるかという、その些細な差異のうえに、まったく違うわれわれの社会が成り立っているわけですね。

**奥本** じゃあ、人間が個食ばっかりしていると……。

**山極** サルになります（笑）。

**奥本** もう、とっくにサル化してますね。

**山極** われわれは「食べる」ということを通じて、単に生命維持だけではなくて、気持ちを通じ合わせるということを副作用として受け取っているわけです。食べるっていうのはコミュニケーションなんですよね。それはおそらく何百万年もかけて人間が築き上げてきた食べ方で、それがもう体に染みついているはずなんです。ところがそれをやめるとどんどんサルのような人間関係、いやサル間関係に変わっていってしまう。

**奥本** ゴリラにはない人間の優れたこととはなんでしょうか。

**山極** ゴリラは家族的な集団しかもっていないし、サルは家族がなくて、より大きなコミュニティという集団しかもってないんです。そのどちらにも属し、複数のコミュニティを行き来し、演技をしながら役割を果たしているのが人間です。そこで、ストレスを抱えながらも、人間は状況に応じて自分を演じきれるんですね。

演じながらも自分のアイデンティティあるいはパーソナリティを失わないという自立性をもっているわけです。それが人間が家族とコミュニティの両方でやっていける秘訣です。

奥本先生のお話にも関係するんだけれども、それぞれの地域で、それぞれに合った色や形や模様が選ばれるのは、そこにイメージというものが非常に強く染みついているからなんだと思いますね。それに合った自分のアイデンティティというものをつくれるからなんだろうと。人間が言葉を生んだときに何が対象になったかという議論があって、それはトーテムだというんです。

**奥本** 種族ですか。

**山極** ウチの種族はホラアナグマです、シロギツネですとか、誰もがわかる自然の中の動物をイメージでもって伝え、動物になりきったり、それをストーリー化してその暮らしや生活を組み立てるということをしていったのではないかなという気がするんですけどね。言葉の根本はアナロジーだったんではないかと。

**奥本** アナロジーというのは、なるほど、一歩高級ですね。

**山極** ゴリラも演技はできますが、それを劇として楽しむことはできません。人間の場合は、AというがBという人を騙そうとして演じているというのを「本当はこういうことをしようと思っている」と想像できるから観ていて面白いわけですよね。

ゴリラはそこまでの認知能力はないんです。そこに大きな溝がある。人間的な演技と言っているのは、ここです。つまり第三者を意識しながら相手と接することができるというのが人間。それは人間が複数の集団を日々渡り歩いている能力の源泉じゃないかと私は思っています。

ゴリラにはないこととしてもう一つ、人間は生理の限界を超える願望をもつ、矛盾する生き物と言えるかもしれませんね。想像で星になったり、文学の中で華やかな恋愛を演じることができるわけです。演技といえば、こんな話があります。ゴリラでもサルでも、メスは自分の排卵時期や妊娠可能日をわかっていますが、人間の女性はわかっていない。ところがあるイギリスの調査で、夫と毎日性交渉をしていても、第一子は夫の子でないという女性が少なからずいることがわかったんですね。ということは、排卵日がわからないのに、体は排卵に応じてパートナーの好みを変えたということになる。さらに恐ろしいのは、夫の子でなくても夫に似て生まれてくるようになっているそうで、「あなたの子」とイメージを植えつけられることで、赤ちゃんの外見が夫により近づくそうです。

**奥本**　そうして、ドラマが始まった！（笑）。

（「kotoba」no.20・2015年夏号）

独学のススメ

×茂木健一郎

**茂木健一郎**（もぎ・けんいちろう）
脳解剖学者。一九六二年生まれ。著書『脳とクオリア』『生きて死ぬ私』『脳と仮想』『ひらめき脳』『欲望する脳』。

## 標本にもお国柄

**茂木**　いよいよ『昆虫記』の第二期が刊行されましたが、いつ終わるご予定なんですか。

**奥本**　それを聞かれるのが一番困る。そういう話はやめましょうよ（笑）。

昔々、北海道の日高山脈で、登山中の北大生たちがヒグマに襲われて逃げたという話があるんです。クマがずっとつけてくるので、学生たちはリュックの中の食糧をぽんと捨てる。クマはそれをしばらく食べているんですが、食べ終わるとまた追いかける。少しずつ食糧を捨てては逃げ、捨てては逃げている、そういう感じの進行状況です。出来上がった原稿を渡すと、すぐに刊行というクマが追いかけてくるわけです。で、学生たちは全員クマに食べられたんでした。たしか（笑）。

**茂木**　今回改めて読み直してみたんですが、この『昆虫記』というのは、やはり奥本先生じゃないと訳せないなと思いました。フランス文学者としての学識があると同時に心から昆虫を愛しているという、この二つの掛け算というのがなかなかないですよね。

**奥本**　昆虫学者のような、理系では、そもそもフランス語をやる人が少ないんです。国立大学のドイツ語の教師の数は、フランス語の教師の倍ですし、理学部も、工学部も学生はほとんどがドイツ語を取りますね。

**茂木**　ぼくは物理学をやったんですけれど、やはりドイツ語選択でした。今ごろになって、フランス語をやっておいたほうがよかったなと反省するんです。

**奥本**　少し話はずれますけれども、金沢でフランス文学会という学会があったんです。ちょうど隣でドイツ語の学会もあったんですが、会場の外にいると、出て来る人が、もうひと目見ただけで、この人は仏文、この人は独文とわかるんです。挙措動作、服装の感じとか。

**茂木**　おもしろいですね。ぼくは昨日、フランスのピエール・エルメのもとで修業していたクロエというチョコレート鑑定家の方にお目にかかったんですけれども、話を聞いていると、フランス文化というのはすごく細かいニュアンスを感じ取ってそれにのめり込んでいくみたいなところがあるんだなと感じたんですけど、それはファーブルの書いているものにも感じるんです。

**奥本**　パリの博物館、ロンドンの大英博物館、それからドイツのシュツットガルトの博物館、それぞれ昆虫の標本が展示されているんですが、おもしろいことにお国柄で展示の仕方がみんな違うんです。

**茂木**　それはどう違うんですか。

**奥本**　標本箱の中にチョウを飾るときに、フランス人は波打ったように並べるとか。日本の博物館であんなことをしたら叱られると思いますけど、ソライロコガネという小さいコガネムシが大きな台紙にいっぱい張りつけてあって、その台紙の雲みたいな形がまさにアンリ・マチスなんです。フランス人は、そういう展示をする。ドイツ人は律儀に正確に、まっすぐ並べる。

**茂木**　ぼくは、子どものときに『昆虫記』を夢中になって読んでいましたけど、大人になって、またちょっと別の意味でファーブルというのは偉い人だなと見直しました。一つは独学の人だったということですね。たしか十四歳かそこらで働き始めて、学校を中途退学する。そこから独学して教員として採用されるわけですね。当時のフランスでは、そういうことが可能だったんですか。

**奥本**　ちょうどその頃一般に教育が普及し始めるんです。そうすると、教員が大量に不足しますから、師範学校がつくられるわけです。で、ファーブルは師範学校の給費生募集に応募して合格する。それ以前にも、カトリックの神学校でギリシア語、ラテン語をたたき込まれていましたから、それがしっかり頭に入っていたんです。

**茂木**　そういう教育は受けていて、基礎はあったわけですね。

**奥本**　普通ならばすっかり忘れてしまうところをファーブルの場合は忘れなかった。これは奇跡的な話ですし、あの時代に平民から学者になった人というのは、歴史家のミシュレとか、ほんの数えるほどしかいないですね。

ナポレオン三世のときに、ヴィクトール・デュリュイという文部大臣がいて、彼がファーブルを見出して、ナポレオン三世の皇太子の家庭教師を頼んだりしている。結局は断るんですけれど、そういう人に評価されたこともファーブルには幸運だった。

**茂木** ファーブルは教えるのがうまかったというか、情熱を傾けて教えたそうですね。

**奥本** 教えるのは非常に上手だったんですね。独学者ですから、当時よくあったように権威を保つためにことさら難しい言葉を遣うというのではなく、分かりやすい言葉で説明する。それで教科書がよく売れるんです。科学啓蒙書も含めて百冊くらい書いています。

**茂木** ということは、アカデミズムの中心からは外れているかもしれないけれども、フランス国内でかなり目立つ存在だった。

**奥本** 蚕(かいこ)の病気が流行ったときに、パスツールがアヴィニョンに来る。その時もやはりファーブルのところに来て蚕の繭(まゆ)を見せてもらっています。パスツールは、パリのすごいエリートですけれども、虫のことなんか何も知らない。「繭を振ると音がしますね」なんていう。ファーブルは逆に、そんなにも虫のことに無知なのに、蚕の病気を解明していこうというパスツールの自信にびっくりする。でも、パスツールは田舎教師ということでファーブルをアタマから問題にしなかった。それで、ファーブルは傷つくんですけどね。

## 幻だった「チョウの楽園」

**茂木** ぼくは五歳のときに、大学で昆虫学を専攻している学生さんに手ほどきを受けて、渋谷の志賀昆虫普及社に行って、標本をひと揃え買ったんですけど、しばらくチョウ以外はまったく興味がなかったんです。最近、養老孟司先生にお目にかかるようになって、甲虫類もいいなとか、ハムシ、カメムシもいいなという見方にようやくなってきたんですけど、そういうぼくから見ると、ファーブルがなぜ狩りをするハチにあれほど興味を持ったのかが不思議で、あれは何でなんですかね。

**奥本** ハチが獲物を刺して運動神経を麻痺させ、引いていく情景を実際に見ると、やっぱり引きつけられますよ。ぼくも小学校の五年生のときに、ベッコウバチがオニグモを引いていくところを夢中で観察していたことがあるんですけれど、一度見るとあの魅力からは逃れられない。

もちろん、コレクションとしてチョウはすごく面白いんですけれども、チョウの行動はちょっとやそっとじゃ迫えないんです。どこへ飛んでいくか分からないから、チョウの成虫の行動学というのはあまり発達していません。

**茂木** 中学校のときに生徒会長をやっていて、学園祭の催し物は生徒会長権限で何でもできたんです。それでぼくは、チョウを教室の中で飛ばして、音楽をかけながらその姿を見せたらどんなに楽しいだろうと思って、「チョウの楽園」というのを企画したんです。

**奥本** ものは何ですか。

**茂木** 普通に捕れるものです。モンシロチョウ、アゲハチョウ、シジミチョウ、ヤマトシジミ……。そうしたら、もちろんおわかりと思いますけれども、全部窓ガラスにへばり付いて、華麗に舞う楽園には程遠かった（笑）。

奥本先生は標本と行動というと、どちらがお好きなんですか。

**奥本**　両方いいですね。でも、標本がないとほんとうに話になりませんよ。ファーブルも地方にいて独学だったので、研究資料の必要な、分類学ということに対しては反感があったんだと思います。それもあって、さっきおっしゃったように常に独学者であることを強調していますね。

**茂木**　独学のよさは、もっと見直されるべきだと思いますね。たとえば、われわれにちょっと近い分野だと、『ロウソクの科学』のマイケル・ファラデーが完全に独学ですね。

**奥本**　ファラデーも庶民の中から珍しく学者になった人ですね。公開実験をして上手に教えようという情熱がファーブルと似ている。

**茂木**　でも、今の時代にああいう人が果たして出てきうるのかというと、難しいでしょうね。教育があまりにも学校というシステムの中に取り込まれてしまっているから。

**奥本**　子どもたちの手帳はスケジュールでいっぱいなんじゃないですか。学習塾とか、ピアノ弾いたり、水泳したり、歌習ったり、いろんなことやってますよね。それでいてちっとも身につかない。

**茂木**　奥本先生は、小学校のときに三年間病気で寝ていらしたそうですが、その間は学校の勉強はどうされていたんですか。

**奥本**　家庭教師に来てもらっていましたけど、「こんな寒い雨の日に学校行かなきゃいけないやつは気の毒だな」なんて寝床の中でぬくぬく思ってましたね。それに本を読もうにも、戦後すぐの時代は、子どもの本といってもろくにない。子どもの本というと、もういかにも子どもの本で、みんな猫なで声なんです。

**茂木** ああ、わかります、わかります。

**奥本** ところが、うちにあった戦前の菊池寛や芥川龍之介が執筆もしている『小学生全集』なんていうのは、難しい本字をふんだんに使ってあって、決して手かげんしない書き方なんです。しかも科学から文学までいろんな分野が揃っていて、病気で寝ているあいだにそれをずっと読んでいましたから、それが非常に役立ったと思います。総ルビというのがよかった。

**茂木** じゃあ、そういう意味ではファーブルと同じように独学ですね。

**奥本** 学校へ行ってたら、小学校一年、二年の決まりきった勉強をさせられたでしょうから、その時点で、難しい本をふんだんに読むことができたのはよかったと思います。

## 接写レンズと広角レンズ

**奥本** ムシをやっていて思うのは、われわれ日本人の目というのは接写レンズだということです。西洋人の目は広角レンズですね。だから、彼らは細かいものはあまり見ていない。

ヴェルサイユ宮殿なんかに行くと、左右対称の立派な宮殿があって、その前には広大な庭園がある。その真ん中を兵隊が馬に乗って行進できるほど広い道が通っていて、ネプチューンの噴水があったりするんですけど、でも、細かい部分の仕上げは非常に粗い。それに、十九世紀の末ぐらいまで、虫とか葉っぱとかを拡大したものが芸術のモチーフになるとは彼らは思ってないわけです。

たとえば、日本人がなぜルイ・ヴィトンが好きかというと、ルイ・ヴィトンの紋様というのは、要するに家紋だとか、日本の紋なんです。あれをフランス人が頂いた。だから、ルイ・ヴィトンの本店に行くと、風呂敷に染めてあるような日本の模様が並べてある。日本人がルイ・ヴィトンが好きなのは、ジャポニスムだからなんです。

**茂木**　ああ、なるほど。

**奥本**　アール・ヌーヴォーと同じで、日本へ里帰りしたんです。それはともかく、そういう細かいものを見る接写レンズみたいな目があるから、カメラのような精密工業が発達する。これは日本人が手先が器用だからというのじゃなくて、それこそ養老さん流にいえば、脳が細かく識別するからだと思います。

その細かいものを見る脳が発達するのは、子どものときに虫と遊んでるからじゃないかと思うんですよね。日本の絵には、カボチャのつるにキリギリスがとまってるとか、よく見るとそのキリギリスが露の玉を吸ってるとか、前肢(ぜんし)を口で舐(な)めて掃除してるとか、そういう絵がいくらでもある。ヨーロッパでそういう絵が出てくるのは、博物画で細部を描くようになった十九世紀になってからで、それまではない。一般のヨーロッパ人は、いまだにそこまで細かいものを見る目を持っていないんじゃないかと思います。

だけど、日本人の目に細かいものが見えるというのは、一方で悪い作用もある。ゴルフ場で少しでも草が伸びてると怒るでしょう。ああいううるささ、製品の仕上げに注ぐ眼差しの細かさというのが害を成しているときがありますね。たとえば「百パーセント古紙」と謳っていながら古紙が四パーセントしか入っていなかったとかいって騒いでいるでしょう。紙屋さんの立場からすると、茶色い年賀はがきを作ったら、誰も買わないでしょうが、というところだと思う。すべて古紙でしかも白い紙となると、よほど手間がかかって値段も上がる。そういう点は、日本人はもっと大ざっぱに見るようになったほうがいいと思いますね。

**茂木**　イギリスではどの家の庭も美しい芝生があっていいなと思っていたんですけど、あれは、各家が自分の庭の草を抜くのが義務になっているんですね。そうじゃないと周りから文句をいわれるし、ほうっておくと日本と同じようにいろんな植物が勝手に生えてくる。ぼくはどっちかというと、チョウも来るし、刈り取らずにそのままにしておきたいんですよ。

**奥本**　でも、近所は黙ってないでしょ。

**茂木**　絶対だめですね。木があると、落ち葉がうるさいとか、近所から迷惑がられる。

**奥本**　うちの近所にもうるさい男がいて、葉っぱ一枚落ちても、「うちの中に入って来てる、掃け」という。

**茂木**　やはり、手つかずのサンクチュアリというのが大事ですよね。ファーブルもそうなんですけど、自然って予想外のことにあふれている。ぼくが懸念するのは、そういう落ち葉を汚いというような人は本当の自然を分かっていないということです。このままいくと、どんどん自然から離れていく人ばかりになってしまう。まったく昆虫とか自然に興味がない人に興味を持たせるには、どうしたらいいんでしょうね。

**奥本**　やっぱり子どものときに虫を捕る、カブトムシを飼うとか、そこから始めるしかないんじゃないですか。

**茂木**　それから、奥本訳の『ファーブル昆虫記』を読む！（笑）。

（「青春と読書」２００８年４月号）

# 〝感覚でとらえる〟ことの大切さ

×養老孟司

**養老孟司**（ようろう・たけし）
解剖学者。一九三七年生まれ。著書『からだの見方』『唯脳論』『バカの壁』『私の脳はなぜ虫が好きか？』『脳という劇場』。

### 日本人はファーブルがお好き

**養老**　『昆虫記』の日本での翻訳は、これまで何種類出ているんですか。

**奥本**　まず、大正十二年（一九二二）に叢文閣というところから大杉栄の訳が出ています。もっとも、大杉は第一巻が出た翌年、関東大震災のどさくさにまぎれて、憲兵隊に殺されてしまいますから、椎名其二（そのじ）たちがその後を承（う）けて翻訳を完成させます（全十巻）。その次に、昭和五年（一九三〇）の二月から岩波文庫版（全二十分冊）、同じ年の六月からはアルス版（全十二巻）が刊行され始める。ですから完訳だけで三種類あるんです。

**養老**　それらは、今も手に入りますかね。

**奥本**　岩波文庫版は今も出版されています。そのほかのも古本屋で探せば手に入ると思います。

**養老**　大杉栄のものは見たことないな。

**奥本**　たまに古本屋に出ます。大杉の訳は威勢のいい文体で、なかなかいいですよ。

**養老**　世界ではどうなんですか。
**奥本**　イタリア語訳とかポーランド語訳とかありますけど、どれも抄訳ですね。
**養老**　英語は？
**奥本**　英語はもちろんありますけど、これも抄訳ですね。
**養老**　そうすると、完訳があるのは日本だけで、しかもこれまでに三種類あって、奥本さんのが四つ目になるわけですね。これは日本人のファーブル好きの証だけれども、ファーブルはフランス本国ではそれほど読まれていないわけでしょ。
　本国で必ずしも流行らないで日本で流行る人というのは、ファーブルとゲーテですね。
**奥本**　ゲーテもドイツ本国ではそれほど人気がないんですか。
**養老**　有名な割にはあまり読まれていない。ドイツの新聞に、「ゲーテは日本人か」という記事が出たことがあったほど、日本人のゲーテ好きは不思議に見えるらしい。ゲーテも解剖とか自然が好きだった。そういうのがやはり日本の文化と合うんですね。
　ファーブルのような観察というか、感覚で世界をとらえるというのはヨーロッパでは少なかった。一方、日本人はそれが得意というか、そういう自然のとらえ方は当たり前だから、ゲーテやファーブルに親近感をもつわけですよ。たとえば、ゲーテはキュヴィエの比較解剖学に非常に関心をもっていて、エッカーマンとの対話の中でも、キュヴィエとサン・ティエールとの種の変化をめぐる論争について興奮して語っている。
**奥本**　「この事件には、きわめて重大な意義がある」といってますね。

フランスにはファーブルの先駆者みたいな人がいて、たとえばファーブルがその論文を読んで非常に啓発されたというレオン・デュフールという軍医は、きちんと観察していますし、レオミュールなども結構やってますね。

**養老**　その二人は、ファーブルもよく引用してますよね。

**奥本**　しかし、レオン・デュフールもレオミュールも日本人は誰も読んでいない。本がなかなか手に入らないですからね。それに日本の虫屋は大体ドイツ語をやったでしょ。今、来年オープン予定で自宅の庭に「ファーブル昆虫館　虫の詩人の館」と名づけた昆虫資料館を建設中なんですが、そこにレオン・デュフールやレオミュールの原書も展示しようかと思っています。

**養老**　それは楽しみですね。ところで、翻訳はいかがですか。

**奥本**　苦労しています。ファーブルの文章というのは、はっきりいえば田舎風で、くり返しの多いくどい文章なんです。それをいろいろに言い換える。そのくり返しをそのまま日本語にするとおかしなことになる。たとえば、「レオン・デュフールは……」と言って、その後に「この軍医さんは」あるいは「この昆虫学者は」というふうにいい換える。それをそのまま訳しても意味が通じにくくなる。

**養老**　大体、西洋語と日本語とでは、重複するところが違いますからね。といって、あまりていねいに訳していくと長くなる。たしかに翻訳は難しいですね。

**奥本**　その点、岩波文庫版の訳は非常に素直です。でも今の目から見ると、ずいぶんと難しい漢字がずらずら並んでいる。耳慣れない語も多いし。

**養老**　ぼくが最初に『昆虫記』を読んだのは小学生でしたから、分からないところは飛ばしていましたよ。

**奥本**　せめてルビが振ってあればいいんですけどね。ぼくも小学五年生の時に岩波版を読みましたけど、読めない漢字ばかりで途中で挫折しました。養老さんの頃に比べて、ぼくらの時代は正字を習っていませんから読みようがない。旧カナは慣れるけど。

**養老**　ぼくらの頃だって、周りで読んでいる小学生はいませんでしたよ。大体、本そのものがなかった時代ですから。

**奥本**　新刊書がなかった。戦災で焼けた家も多かったし、かろうじて親とか兄、姉の本が残っている家の子は本が読める。

**養老**　ぼくの兄貴なんかは、家にある本を古本屋に売り飛ばしていた(笑)。当時は本がないから逆に売れたんです。兄貴どころじゃなくて、お客で来た人が勝手に本を持っていっちゃう。そういう時代ですよ。

　ぼくも『昆虫記』は古本屋で自分で買い集めた。その時代は揃いというのはなくて、店に出ていても巻がばらけてるから、揃えるのが大変なんですよ。

**奥本**　二十分冊ですから、同じ巻をうっかりまた買っちゃうこともあるでしょ。分冊にしたというのは、やはり一遍に訳し切れなかったからで、実際、昭和五年に最初の巻が出て、完結するのが昭和二十七年です。訳者は山田吉彦(ペンネーム、きだみのる)さんと林達夫さんの二人ですが、主に訳したのは山田さんですね。山田さんは虫の実物をまったく見ず、虫のことを知らないのに、あれだけのものを訳したんですから、その語学力たるや、凄いですね。

**なぜ虫を採ってはいけないのか**

**奥本**　養老さんはお忙しいのに、ブータンにまで採集に行ったりする。よく時間がありますね。

**養老**　シーズンは暇があったら行ってます。大体、連休は四国に行くとか、年間のスケジュールを決めてるんですよ。採集といっても半分調査みたいなものですけど。

**奥本**　たとえばチョウチョなんかだと気温が低くて天気が悪いといないけれども、養老さんの専門のゾウムシはそういうことがなくて、確実に獲物がある。

**養老**　雨が降っていてもいいんだから。条件が悪いと採れない虫なんて、採っちゃダメですよ（笑）。

ただ、あれだけたくさん採っていても、ゾウムシがどこで卵を産むかは知らない。ファーブルじゃないけど、ジーッと見てないと分からないんですよ。たぶん地面の中とかに産むんだろうけど。

**奥本**　アマチュアのマニアがたくさんいれば、生態なども解明されて飼育できるんですが、マニアが少ない部門というのは分類なども難しい。

**養老**　人間が見ている延べ時間が少ないんですよ。大体どの葉っぱを食っているか分からないんだから。

**奥本**　その葉っぱだって、あてずっぽうに叩いているわけでしょ（笑）。

**養老**　そう。それで落ちてきたのを採る。完全に「下手な鉄砲」ですよ。

**奥本**　この前、養老さんのお宅に伺ったら、ゾウムシの首の部分を拡大した写真がズラッと並んでいましたけど、あの分類もなかなか厄介なんでしょうね。

**養老**　ヒゲボソゾウムシね。今までは十一種類くらいでしたが、今度九州大学の専門家が新たに分類したところ二十種を超える。それを今調べ直しているんですけど、まだ増えそうで、それに亜種でも細かく分かれるから、本当にややこしい。ファーブルの時代にはもうちょっと単純に考えていたのだろうと思うけど、分類というのは、実際はもの凄く厄介です。

**奥本**　ファーブルの時代は、生き物全部で百万種を超えないと思われていたでしょうからね。今は、昆虫だけで千八百万種とか三千万種とか言われている。

**養老**　ファーブルがマレーの原生林なんかを見たらたまげただろうね。

**奥本**　彼は自分の庭と南仏地方だけに限定して、少しでも話がそれると、私は資料がない、貧乏だからっていうんですよ。そのくせ南米の神父さんがアルゼンチンの虫を送ってきたら喜んで紹介している。

**養老**　あれ、嬉しかったんだろうね。

**奥本**　本当は行きたかったんだと思いますよ。

この頃、あちこちで虫を採ってはいけません、観察しましょうと、虫採りを規制しているところが多いですね。おそらく「ファーブルみたいに観察しましょう」というのを念頭に置いてるんでしょうけれど、ただチョウが飛んでいるのを見ているだけで実際に採らないことには、観察にもならない。

**養老**　信州には町ぐるみで虫を採るなというところがある。もっとも、ぼくはその看板の前で採りましたけどね。文句いわれても、「俺は、お前が生まれる前からここで虫を採ってるんだ」という、わけの分からないプライオリティを主張して（笑）。

**奥本**　お前が生まれる前からというのはいいですね、土地の古老みたいで。

**養老**　そういうのって認められてるでしょ、先住民がクジラを獲るとか（笑）。

**奥本**　そうすると、私のも調査採集になるかな（笑）。

**養老**　さっき、日本人は感覚で世界をとらえるのが得意だといったけれど、それは昔の話で、現在の一番の問題は、感覚でものをとらえられなくなったということですね。

　ぼくは医学部で解剖を教えていましたが、解剖というのはまさに感覚でとらえるもので、勉強して覚えるものじゃない。ぼくがいた当時からあった意見は、コンピュータがこれだけよくなったんだから、人体の断面とかの画像をコンピュータに組み込んで、反復学習させればいいだろうと。でも、それはまったく物事の理解がなっていない。その手の秀才を育てることによってどういうことが起きるのか。

**奥本**　受験秀才ですね。カタログ・データだけでものをとらえようとする。ものをたくさん見ていないし。目が育ってない。

**養老**　これはいつも出す例だけど、頭の骨を二つ目の前に置いて、口頭で試験をする。二つの違いを言ってごらんという簡単な問題ですが、学生はしばらく考えておずおずという。「先生、こっちのほうが大きいです」って。幼稚園の入園試験じゃないんだから（笑）。そのくらいしか言語表現ができない。

ともかく、今の子どもは生まれてからずっと感覚でとらえるという経験がない。インターネット、テレビ……匂いもなければ風も吹いてないし何にもない。電子的な記号を操作することが学習だと思っているから、骨を見せられても、こっちのほうが大きいとしかいえない。

**奥本**　感覚というものの中には、ものすごく多くの要素が含まれてるわけですよね。骨董屋が丁稚に教える時だって本物をたくさん見てカンを養えといいますよ。

**養老**　たとえば、同窓会で思い出話をすると、同じ事件に対してみんな記憶してることが違う。感覚でものをとらえるというのはそういうことなんです。一人一人全部違う。それを無理矢理統一してしまったから、個性、個性とバカなことをいうんですよ。個性が問題なのではなくて、感覚の世界で扱う限りはすべてが違ったものだという前提が消えてしまい、共通項だけ取り出して教育を行っている。

極端なことをいえば、今の子どもはメールさえ使っていれば、生まれてから大学に入るまで一言も口をきかないでもやっていける。失語状態になるのも無理はない。しかし、言葉を発するというのは、ファーブルが典型だけれど、ものを見て、言葉にしていくということであって、それが創造なんですよ。

**奥本**　医者も患者を人間として診るんじゃなくて、データとして見てますものね。そういえば、この頃は脈も取らないですね。手も握ってくれない（笑）。

**養老**　お医者さんが触ってくれないというのが、かなり前からの年寄りの文句です。今では触ってくれないどころか顔も見ない。会社だってそうでしょ。感覚でとらえないで概念的にとらえるのが仕事だと思ってる。

**奥本**　売上げとかそういうものが全部数字で出てきて、そこで効率を図る。

**養老**　効率を考えたら、教育なんかできない。その典型が子育てでしょ。子どもを育てたって割に合わない。

**奥本**　子どももデータで見られてますから。親がよその子のデータと比べて「負けた」なんて言ってる。

**養老**　これがまともな社会かというと、まともなわけがない。いずれ壊れますけど、壊れるまでに育った子どもはかわいそうです。

## 次の時代を占う『昆虫記』

**奥本**　さきほどの虫を採ってはいけないという話ですけど、本来、ある程度の努力をすれば虫はすぐに増える。でも、どうもお役所はそういう基準で見ていない。その一方で、虫がいることに対してみんなすごく過敏でしょ。うちの近所のおばさんたちも虫はいないほうがいいって言いますよ。たとえば団地を造って、何の植物を植えますかというと、虫の来るのは一切お断りで、できれば人工芝にしてほしい、と。

**養老**　大事なことは、文句をいわせて、それでも聞かないということですよ。蚊が出て困るといわれたら、「ああ、いるね」といって受け流せばいい。ぼくは文句いわれても、ニコニコしながら絶対聞いてやるもんかと思ってるもの（笑）。

**奥本**　虫が来るってのは、何がいけないんですかね。いるだけで嫌なのかな。

**養老**　東京都がカラスの駆除をやったでしょ。だけど、その結果今はハトの糞公害。ほどほどということが分からないんですよ。虫もほどほどでいい。たくさんいればいいというものじゃない（笑）。

**奥本**　昆虫は卵をたくさん産むから、食べ物があって環境が整っていればどんどん増える。たとえば、ゴキブリを絶滅させようとすると大変で、いくらスリッパで叩いてもいなくならない。一番簡単なのは環境ごとなくせばいいわけで、家を燃やしちゃえばいいんです。でも、チョウチョの場合はまさにそれをやっている。捕虫網で採っても減らないけれども、森を伐（き）ったらいなくなる。

チョウチョもゴキブリも基本的に繁殖力は同じなんですよ。それをいくらいってもチョウチョはかわいそうだという。だけど、かわいそうといい始めると話は変わってくる。自然保護のパンフレットでも「チョウチョは採らないようにしましょう、観察しましょう」と言ってる一方で、「毒のある蛾（が）がいるのでそれは踏みつぶしましょう」と書いてある。どうもその辺がきわめてちぐはぐですね。

**養老**　要は自然との付き合い方なんですよ。皆さん、ファーブルというと、虫だとおっしゃるけど、ファーブルは決して虫だけ見ていた人ではない。『昆虫記』というのは自然との付き合い方なんですよ。花だってキノコだってたくさん出てきますものね。それを見てほしいですね。

**奥本**　一種の自然百科としても使える。それだけに、注釈を付けるのが大変なんですけど。

**養老**　日本の人口は一億二千万ですか。それからすると、相当虫の好きな人がいていいはずだし、現にいますよね。

**奥本**　ええ。でも団塊の世代の後でガタッと減りますよ。昆虫協会でも周りを見回すと、年寄りばかりですから。それに、皆さん自分が死んだら集めた標本をどうしようかと心配はしても、次の世代の虫屋を育てることはほとんど考えていない。これでは後進が育つはずがない。だから、若い世代がすごく減っているんです。

**養老**　ここへ来るのにタクシーで来たんですけど、車内で編集者と虫の話をしていたら、運転手さんが「虫の先生ですか」って訊いてきたんです。「そうだよ」っていうと、「うちの子が小学校四年生で虫が好きで困ってるんですよ」っていうから、「それは偉くなるよ」って、名刺を置いてきました。

　探せばいくらでもいるんですよ。ただ、今日ここへ来る前に杉並区の中学校に行ってきたんですけど、「この中で虫が好きな人」って訊いたら、五十人ほどいたんだけれど誰も手をあげない。隅っこのほうで中途半端に手をあげかけている子がいて、「あんた虫好きなの」っていったら「たぶん」って(笑)。

**奥本**　虫が好きだとは、あんまり言いたくないんだ。

**養老**　今、そういう傾向が強いでしょ。ぼくらが子どもの頃は堂々と虫採りをやっていられたけれど、今、虫を採っているというと変な眼で見られる。今の子は変なことをすると変わってると思われるから、それをすごく警戒するわけですよ。

**奥本**　そういうことに対して用心深いですよね。

**養老**　それは、いわゆる普通の人が圧力をかけているんです。その感覚はよくわかる、ぼくは一応戦争を通りましたから。普通の人が圧力をかけるのは異常時とか非常時のせいだと思っているけど、どうも日本の社会は潜在的にそういう面があって、非常時になるとそれが表に出てくる。ぼくらみたいに初めからひねくれて曲がっている者から見ると、普通の人がかけているプレッシャーって、日本では非常に強いんです。

**奥本**　村の変人。話はズレますが、昆虫協会で子どもを採集に連れて行くでしょう。最初のうちはみんな喜んでいるんですけれど、小学校の五年生あたりになると親から電話がかかってきて、「子どもが行きたがるから誘わないでください」っていってくる。夏休みは塾の書き入れ時で、そこで勉強をしないと六年生になってからではもう間に合わない、と。あれも今おっしゃったプレッシャーですよね。今、虫なんか採ってる時じゃないという。

ただ、あれだけ勉強してあんなに学力がないというのはどういうことなのか。このからくりが分からない(笑)。

**養老**　ＮＨＫが、子どもの生活時間をきちんとデータを取って調査をやってるんですが、そこで分かったことの一つは、幼児の言葉の発達と外遊び時間が比例するということです。つまり、外で仲間と遊んで走り回ってる子どもの方が言葉の発達が進んでいる。家に籠もって勉強してる子じゃないんですよ。考えてみれば当たり前でしょ、そんなこと。

**奥本**　そりゃ、ガキ大将と話すのだって気をつかいます。タメ口を叩くと殴られたり。

**養老**　われわれの時代は、子どもは風の子とかいわれて、外に出されましたよね。実際は、家が狭いから体よく追い出されて外にいただけなんだけど、外に出ればいろんな人と会うから自然に言葉を覚える。今みたいに家の中に抱え込んでいたらろくな子どもが育つはずはない。そのことはお母さん方に教えておきたいですね。

**奥本**　だけどそのお母さんが子どもを翼の下に抱え込んで離さない。

**養老**　さっきいった中学校というのは、いろいろユニークな活動をしているんですけど、その一つに、修学旅行をやめて二泊三日で農作業に行かせるということをやった。最初は生徒たちもぶつぶつ文句を言ってるけど、最後には帰りたくないといってみんな泣くんだそうです。農作業を終えて家に帰ると、おじいちゃんおばあちゃんから「お帰りなさい」をいわれる。それだけでもう感激するんです、今の子は。これは逆に、子どもたちがいかにかわいそうな状況に置かれているかということで、大人は真剣に考えなくてはいけない。

**奥本**　勉強部屋を与え、家庭教師をつけてものを与えるだけ与えて「どうしてお前は勉強ができないの」とキメつけたら子どもは逃げ場がありません。金属バットを磨くようになりますよ。

**養老**　戦後六十年、日本人は子どもを全く無視してきた。だから少子化になってるんです。子どもを産んだって幸せなはずはないし、自分が子どもであってもいい世の中とは思えない。要するに子どもであることに対しての価値がないんです。それを昔は「子どもらしい」といって、それ自体が価値だった。子どもというのは自然ですから、ちょうど緑に価値があるのと同じ話なんです。そんなものは一切金にならんだろといって潰してきたのが戦後でしょ。

だからぼくは、今度の『昆虫記』がどのくらい売れるかというのに関心があるんです。売れなきゃ、やっぱり「ホリエモン」ですよ。ホリエモン個人がどうのということじゃなくて、要するに金で買えるものしか現実じゃないということになってしまう。しかし、ファーブルが観察したようなものは、金を払えば誰でも見えるかというと、見えやしない。金で買えないものがあるんです。

**奥本**　これがどれだけ売れるかが次の時代を占うというわけですね。いい形で責任を果たしたいなあ（笑）。

（「青春と読書」２００５年12月号）

# あとがき

人と話をしても、言葉は音、つまり空気の振動であるから、喋り終えると空中に消えてしまう。それを定着できるなどとは、無文字時代の人々は思ってても見なかったにちがいない。だから、大事なことは、すべて記憶したのである。

長大な物語を始めからしまいまですべて暗記するなど、現代のわれわれから見ると超人的なことのように思えるが、たとえば砂漠にすむミツツボアリの特定の個体が、文字通り蜜の壷となって、天井からぶら下っているように、記録者に選ばれた人は、子ども時代から特殊技能の持ち主として、物語を記憶すること、ただそれだけに専念して生きたのであろう。

文字が発明され、粘土版や紙に記録されるようになって、何もかも覚えていなくてもよくなった。それどころか、音までが録音されるようになって、自分の気がつかぬうちに言ったことを勝手に録音されて困る人まで出てくる始末。

紙に手で文字を書き記すなどというのは人間にしか出来ない、手間のかかる作業だが、口で喋るのはそれよりはるかにたやすくて、小鳥にでも出来る。「星の王子様」を書いた伯爵家の御曹司、アントワーヌ・ド・サン＝テグジュペリは、ニューヨークのセントラルパークを見下ろすアパートに住んで、原稿を書く代わりに、デイクタフォンという、初期の、蠟管のようなものに言葉を吹き込んだそうである。蠟管なぞさぞ扱いにくかったと思われるが、それでも書くよりはいいと思ったのであろう。音声入力の嚆矢（こうし）とでも言えようか。

だから、というわけではないけれど、物書きも、原稿を書く代わりに喋ってすまそうとする。それに対談となると、相手から面白い話を引き出すことも出来るし、相手の言葉に触発されて、初めてアイデアが湧き出るということもあり得る。

この対談集の校正刷りを見ていて、「ああ、僕の言いそうなことだ」と、当たり前のことを感じて可笑しかった。そのころ熱中していたことを、別の相手になんども喋っている。

阿川先生、北さんとの鼎談は、自分が一人前の顔をして喋っているので気が引けたが、懐かしくて涙が出そうになった。

じつを言うと、この鼎談は、やり直し、テイク2なのである。一回目のときは北さんが大変な躁状態で、岩波の編集の浦部さんが、車でお迎えに行ったのだが、「あっ、ユンケル皇帝液忘れた」と言って途中で引き返したりした。会場に到着後も実に多弁なのはいいけれど、原稿にはならなかったのである。二回目のときはこのとおり、無事に収まった次第。

阿川先生は、いつも私を労ってくださったような気がする。私など、本気で怒るほど相手にしてもらえなかったのかもしれないけれど、あの瞬間湯沸かし器の噂のある先生に叱られたことが一度もない。もっとも阿川佐和子さんによると先生は、大変外面がいいのだそうである。

たった一度だけ、エーゲ海クルーズに何度か誘われながらお断りした時、「別に来てくれなくてもいいけどね」と、ちょっと語気を強めるように言われたことがある。その時私は、裁判に巻き込まれていて、余裕がなかったのだが、無理をしてでも、お供をしていればよかったと、今になっても後悔している。

お相手をして下さった皆さん、空気の振動を定着して活字にして下さった皆さん、そして対談集を編むことを思いついてくださった青土社の西館一郎さんにお礼申し上げる。考えてみれば、西舘さんには、ときどきお会いしてはいるけれど、単行本で御世話になるのは、私の最初の本『虫の宇宙誌』以来、おおよそ四十年の時を隔てて二度目である。

二〇一八年九月三十日

東京千駄木の昆虫館にて　奥本大三郎

奥本大三郎
1944年、大阪生まれ。東京大学文学部仏文科卒、同大学院修了。専攻は、ボードレール、ランボーなど。フランス文学者、作家、NPO日本アンリ・ファーブル会を設立。東京・千駄木にファーブル昆虫館を開館。主な著書に『虫の宇宙誌』（読売文学賞）、『楽しき熱帯』（サントリー学芸賞）『斑猫の宿』（JTB旅文学大賞）など。個人完訳『完訳ファーブル昆虫記』全10巻（菊池寛賞）。

本と虫は家の邪魔
奥本大三郎対談集


2018 年 11 月 10 日　第 1 刷印刷
2018 年 11 月 15 日　第 1 刷発行

著者——奥本大三郎

発行人——清水一人
発行所——青土社
東京都千代田区神田神保町 1-29　市瀬ビル　〒 101-0051
電話　03-3291-9831（編集）、03-3294-7829（営業）
振替　00190-7-192955

組版——Flexart
印刷・製本——シナノ印刷

装幀——松田行正
装画——増山雪斎『虫豸帖』（東京国立博物館蔵）より

ISBN978-4-7917-7112-7　　Printed in Japan